JN082233

物理・化学
大百科事典

仕事で使う
公式・定理・ルール120

沢信行 Nobuyuki Sawa

SE
SHOEISHA

本書内容に関するお問い合わせについて

このたびは翔泳社の書籍をお買い上げいただき、誠にありがとうございます。弊社では、読者の皆様からのお問い合わせに適切に対応させていただくため、以下のガイドラインへのご協力をお願い致しております。下記項目をお読みいただき、手順に従ってお問い合わせください。

●ご質問される前に

弊社Webサイトの「正誤表」をご参照ください。これまでに判明した正誤や追加情報を掲載しています。

　　　正誤表　https://www.shoeisha.co.jp/book/errata/

●ご質問方法

弊社Webサイトの「刊行物Q&A」をご利用ください。

　　　刊行物Q&A　https://www.shoeisha.co.jp/book/qa/

インターネットをご利用でない場合は、FAXまたは郵便にて、下記"翔泳社 愛読者サービスセンター"までお問い合わせください。
電話でのご質問は、お受けしておりません。

●回答について

回答は、ご質問いただいた手段によってご返事申し上げます。ご質問の内容によっては、回答に数日ないしはそれ以上の期間を要する場合があります。

●ご質問に際してのご注意

本書の対象を越えるもの、記述個所を特定されないもの、また読者固有の環境に起因するご質問等にはお答えできませんので、予めご了承ください。

●郵便物送付先およびFAX番号

　　　送付先住所　〒160-0006　東京都新宿区舟町5
　　　FAX番号　　　03-5362-3818
　　　宛先　　　　　（株）翔泳社 愛読者サービスセンター

はじめに

私たちが暮らす社会は物理や化学の知見に支えられている

「何で、受験勉強なんてしないといけないんだ?」と思ったことがある人は多いと思います。日本では、受験を経て進学する人が大半です。

受験では、いろいろな科目を勉強しなければなりません。中には、難しい科目もたくさんあります。特に物理と化学は、多くの人が「難しい」「よくわからない」と感じる科目でしょう。受験生時代を思い出して、「いまいちよくわからないまま終わってしまったな」と感じる方も多いかもしれません。

受験では、受験生がどのくらい考える力を身につけているかが測られます。物理や化学の問題は、そのような力を調べるのに最適な教材といえます。

しかし、受験で物理や化学が課せられる(というよりも、高校で物理や化学を学ぶ)一番の理由は、それらが直接的に役立つことが非常に多いからでしょう。私たちが暮らす世の中は、物理や化学の知見に支えられています。物理や化学の発展がなかったら、今日の便利な暮らしは実現されていなかったはずです。気づくところでも、気がつかないところでも、私たちは物理や化学のお世話になっているのです。

以上のことは、仕事において直接的に物理や化学の知識を必要とされている方には、いうまでもないことだと思います。日々、その知識の必要性を感じているでしょう。

だからといって教科書を最初から最後まで丁寧に復習する時間を取れる社会人の方は、稀だと思います。多忙な日々の中で、そうした時間を確保できないのが現実ではないでしょうか。

そこで、本書では物理と化学の要点を整理して解説しています。特に、仕事上必要な点については丁寧に説明しています。本書を利用すれば、教科書などを使って復習するよりも効率的に、学校で学んだ物理や化学の内容を思い出す

ことができます。また、特に難しい内容については丁寧に解説しているので、学生のときにいまいち理解不足だった分野についても、改めて学び直すことを通して理解を深めることができます。

　物理や化学に関する理解が曖昧なままにするよりも知識を確実にすることで、仕事に活きることが絶対にあるはずです。本書では、具体的にどのようなときに物理や化学が顔を出すのか、その有用性も紹介しています。

　もちろん、本書は直接的に物理や化学の知識を必要とされない方にも役に立ちます。というよりも、本書を読むことで、今まで気がつかなかったところで物理や化学の恩恵に浴していたり、活用していたりといったことが理解できると思います。

　一例を挙げると、現在はコンピュータ技術の発展がめざましい時代です。スマートフォンひとつを利用するだけで、非常に多くのことができるようになりました。これは、10年前には考えられなかったことです。

　ここで、単にスマートフォンの使い方を知っているだけでなく、どのような仕組みでそれが行われているのかを知ることができたら、より有益な使い方ができるかもしれません。あるいは、もしかしたら大きなビジネスチャンスを得られることもあるかもしれません。このようなところで、物理や化学の知識はベースとなるのです。正しい知識こそが、新たな発見を生み出す種になるのです。

　さらに、大学受験に向かう方にも読んでいただけるよう、受験において特にどの点が重要かを整理して説明しています。

　このように本書は、幅広く多くの方に読んでいただけるよう構成しています。この1冊で、物理と化学をまとめて理解していただけたらと願っています。

2021年9月　沢 信行

目次

はじめに ……………………………………………………………………………… iii

本書の特徴と使い方 ………………………………………………………………… xvi

Chapter 01 物理編　力学・熱力学　　001

Introduction

物理の基本となる分野 ………………………………………………………… 002

01　等速直線運動 ……………………………………………………………… 004

　　📖 物体の運動はグラフで表すと便利 ………………………………… 004

　　📖 等速直線運動の$x-t$グラフと$v-t$グラフの関係性 ………… 004

02　等加速度直線運動 ………………………………………………………… 006

　　📖 等加速度直線運動の実例 …………………………………………… 006

　　📖 等加速度直線運動の$x-t$グラフと$v-t$グラフ ……………… 007

　　　Business 工事現場でものが落下したときの危険性 …………… 007

03　放物運動 ……………………………………………………………………… 008

　　📖 放物運動はいろいろなところで見られる ……………………… 008

　　📖 鉛直方向の運動 ……………………………………………………… 009

　　📖 水平方向の運動 ……………………………………………………… 009

04　力のつりあい ……………………………………………………………… 010

　　📖 力のつりあいを活用して、重いものをラクラク持ち上げる ……… 010

　　　Business クレーン車の原理 …………………………………………… 011

05　水圧と浮力 …………………………………………………………………… 012

　　📖 圧力が2倍になる水深は？ ………………………………………… 013

　　　Business 潜水調査船「しんかい6500」 …………………………… 013

06　剛体のつりあい …………………………………………………………… 014

　　📖 物体が倒れないためには、モーメントのつりあいが必要 ……… 014

　　　Business 巨大な建造物の設計 ……………………………………… 015

07　運動方程式 …………………………………………………………………… 016

　　📖 物体の質量が大きいほど速度が変化しにくい …………………… 016

　　　Business 宇宙で正確に体重を測るためには？ ………………… 017

08　空気抵抗と終端速度 ……………………………………………………… 018

　　📖 大粒の雨ほど激しく降る理由 …………………………………… 018

09 仕事と力学的エネルギー 020
　📖 道具を使うとラクにはなるが、必要な仕事の量は変わらない ……… 021

10 力学的エネルギー保存則 022
　📖 高さと落下速度の関係 …………………………………………………… 022
　　Business 位置エネルギーが大量の電気を生み出す ……………………… 023

11 運動量と力積 024
　📖 力を受ける時間を長くすれば、衝撃を抑えられる …………………… 024
　　Business 緩衝材で「力を受ける時間」を長くする ………………………… 025

12 運動量保存則 026
　📖 運動量保存則を利用して衝撃を抑える ………………………………… 026
　　Business 大砲が遠くまで飛ぶ理由 ……………………………………………… 027

13 2物体の衝突 028
　📖 衝突後の速度を「運動量保存則」と「反発係数」から導出する …… 028

14 円運動 030
　📖 周期と回転数は逆数の関係にある ……………………………………… 030

15 慣性力（遠心力） 032
　📖 慣性力を測れば加速度の大きさがわかる ……………………………… 033

16 単振動 034
　📖 ばねの強さが周期を決める ……………………………………………… 035

17 単振り子 036
　📖 長さだけで単振り子の周期を調節できる ……………………………… 036
　　Business 高いビルが風や地震によって揺れている理由 …………………… 037

18 ケプラーの3法則 038
　📖 ケプラーの第3法則から、狙いの星を次に観測できる時期がわかる … 039

19 万有引力のもとでの運動 040
　📖 人工衛星や宇宙探査機に必要な速度を求める ………………………… 041

20 温度と熱 042
　📖 熱の正体を突き止めた歴史 ……………………………………………… 043

21 熱の移動 044
　📖 熱を伝えにくいものをはさんで断熱効果アップ ……………………… 044

22 熱膨張 046
　📖 熱膨張を利用してスイッチを作る ……………………………………… 046
　　Business バイメタルスイッチの仕組み ……………………………………… 047

23 ボイル・シャルルの法則 048
　📖 気圧の低下に応じた体積変化を予測できる …………………………… 048

Business 飛行機に乗ると耳が痛くなる理由 ……………………… 049

24 気体分子運動論 050

　📖 気体全体のエネルギーを求める ……………………………… 051

25 熱力学第1法則 052

　📖 断熱状態では、膨張すれば温度が下がり圧縮されれば温度が上がる … 052

　　Business エンジンの中で起こっていること ……………………… 053

26 熱機関と熱効率 054

　📖 廃熱を活用してトータルの熱効率をアップする ……………… 054

　Column 恐怖を感じる原因は遠心力 …………………………… 058

Chapter **02** 物理編　波動 **059**

Introduction

音や光も波動の一部 ………………………………………………… 060

01 波の表し方 062

　📖 波がグラフで表されているときには横軸に注意！ ………… 063

02 縦波と横波 064

　📖 地震で2種類の揺れが発生する理由 ………………………… 065

　　Business 地球の内部の様子を想像する ……………………… 066

03 波の重ね合わせ 068

　📖 衝撃波が発生しない設計 ……………………………………… 068

04 波の反射・屈折・回折 070

　📖 冬の夜に遠くの音が聞こえる理由 …………………………… 071

05 波の干渉 072

　📖 波の干渉を利用して騒音を消す ……………………………… 073

　　Business ノイズ・キャンセリングの仕組み ………………… 073

06 音波 074

　📖 聞こえない音も役に立つ ……………………………………… 074

　📖 振動数が低い音も聞こえない ………………………………… 075

07 弦と気柱の振動 076

　📖 身体が大きいと声が低い理由 ………………………………… 077

08 ドップラー効果 078

　📖 ドップラー効果で気象観測 …………………………………… 079

　　Business 気象観測へのドップラー効果の活用 ………………… 079

09 光 080

　📖 人間が見られる光はごくわずか ……………………………… 081

　　　□ 私たちが見ているものはすべて過去のもの ‥‥‥‥‥‥‥‥ 081
　　　　　Business オフサイドの多くが誤審？ ‥‥‥‥‥‥‥‥‥‥ 082

10　レンズによる結像 084
　　　□ 実像ができる仕組み ‥‥‥‥‥‥‥‥‥‥‥‥‥‥‥‥‥‥ 084
　　　□ 虚像ができる仕組み ‥‥‥‥‥‥‥‥‥‥‥‥‥‥‥‥‥‥ 084
　　　□ 2種類のレンズの特徴を組み合わせる ‥‥‥‥‥‥‥‥‥‥ 085
　　　　　Business 人間がものを見ることができるメカニズム ‥‥‥‥‥‥ 086

11　光の干渉 088
　　　□ ソーラーパネルの反射防止膜 ‥‥‥‥‥‥‥‥‥‥‥‥‥‥ 089
　　　　Column ダイナマイトや雷にも衝撃波が関係する ‥‥‥‥‥‥‥ 090
　　　　Column ヘリウムガスを吸うと声が高くなる理由 ‥‥‥‥‥‥‥ 090

Chapter
03　物理編　電磁気学 091

Introduction
数学を学んでいなかったファラデー ‥‥‥‥‥‥‥‥‥‥‥‥‥ 092

01　静電気 094
　　　□ 静電気力を利用している電子機器 ‥‥‥‥‥‥‥‥‥‥‥‥ 094
　　　　　Business レーザープリンターにも静電気の仕組みが使われている ‥ 095

02　電場と電位 096
　　　□ 電場から静電気力の位置エネルギーを理解できる ‥‥‥‥‥ 097

03　電場中の導体・不導体 098
　　　□ 金属で遮蔽すれば静電誘導は起こらない ‥‥‥‥‥‥‥‥‥ 099
　　　　　Business トンネルの中でラジオがつながりにくい理由 ‥‥‥‥‥‥ 099

04　コンデンサー 100
　　　□ コンデンサーで活躍する誘電体 ‥‥‥‥‥‥‥‥‥‥‥‥‥ 100

05　直流回路 102
　　　□ 電池がなくても電流を生み出すことができる ‥‥‥‥‥‥‥ 102
　　　　　Business 宇宙探査機に搭載される原子力電池 ‥‥‥‥‥‥‥‥‥ 103

06　電気エネルギー 104
　　　□ 「kWh」を「J」に変換する ‥‥‥‥‥‥‥‥‥‥‥‥‥‥‥ 104
　　　　　Business コンセントと電池どちらがお得か？ ‥‥‥‥‥‥‥‥‥ 105

07　キルヒホッフの法則 106
　　　□ 複雑な電気回路を考察するのに欠かせないのがキルヒホッフの法則 ‥ 106

08　非直線抵抗 108
　　　□ 抵抗値の変化を考慮して、実際の電流値を求める ‥‥‥‥‥ 108

09 電流が作る磁場 ……………………………………………… 110

　📖 地球の内部を知る方法 ……………………………………… 110

10 電流が磁場から受ける力 ………………………………… 112

　📖 電流が磁場から受ける力を強力な推進力として利用する …………… 112

11 電磁誘導 …………………………………………………… 114

　📖 活躍する渦電流 …………………………………………… 114

　　Business 電車のブレーキの仕組み …………………………… 115

12 自己誘導と相互誘導 ……………………………………… 116

　📖 回路にコイルを組み込むことで、急激な電流の変化を抑える ……… 116

13 交流の発生 ………………………………………………… 118

　📖 発電所を支えるのは電磁誘導 …………………………… 118

　📖 アラゴの円盤 ……………………………………………… 119

14 交流回路 …………………………………………………… 120

　📖 東と西で周波数が違う理由 ……………………………… 121

15 変圧器と交流送電 ………………………………………… 122

　📖 高電圧にして送電ロスを小さくする …………………… 122

16 電磁波 ……………………………………………………… 124

　📖 電磁波に支えられている現代生活 ……………………… 125

　　Business ラジオの国際放送における電波の活用 …………… 127

　Column 周波数の変換 ……………………………………… 128

Chapter
04 物理編　量子力学　129

Introduction
目に見えない世界を探る ……………………………………… 130

01 陰極線 ……………………………………………………… 132

　📖 電気素量が求められた歴史 ……………………………… 132

　📖 電気素量の発見 …………………………………………… 133

02 光電効果 …………………………………………………… 134

　📖 暗い星でも見つけられる理由 …………………………… 135

　　Business 日焼けの度合いは紫外線の量によって左右される ………… 135

03 コンプトン効果 …………………………………………… 136

　📖 運動量保存則とエネルギー保存則から散乱X線の波長を求める …… 136

04 粒子の波動性 ……………………………………………… 138

　📖 電子の波長は非常に短い ………………………………… 138

05 原子模型 140
　　□ 物体の99%以上の部分は真空状態 ------------------ 141

06 原子核の崩壊 142
　　□ 放射線は工業・医療・農業で活用されている ------- 143
　　　　Business 材料の性能アップ --------------------------- 143
　　　　Business 非破壊検査と耐久検査 ---------------------- 143

07 原子核の分裂と融合 144
　　□ 核融合は夢のエネルギー源 ------------------------- 144
　　　　Business 太陽の中でも核融合が起こっている ------- 145

　　　　Column 厚さの測定 ------------------------------------ 128

Chapter 05　化学編　理論化学　147

Introduction

化学の学習のスタートは理論化学から ------------------ 148
化学計算を行う上でベースとなる考え方 --------------- 148

01 混合物の分離 150
　　□ 性質の違いを理解して、分離法を選択する -------- 150
　　　　Business 石油コンビナートで行われている作業 ------- 151

02 元素 152
　　□ 同じ元素でできているのに性質が違うものがある --- 152
　　　　Business さまざまな色の花火がある理由 ------------- 153

03 原子の構造 154
　　□ 原子は分割できる ----------------------------------- 154
　　　　Business 電子顕微鏡による観察 --------------------- 155

04 放射性同位体 156
　　□ 放射線を放つ同位体はごく一部 --------------------- 156
　　　　Business 年代測定への利用 ------------------------- 157

05 電子配置 158
　　□ 電子が入る規則性 ----------------------------------- 158
　　　　Business 半導体の原料 ----------------------------- 159

06 イオン 160
　　□ イオンの電子配置は貴ガスと同じ ------------------- 161
　　　　Business イオン式空気清浄機の仕組み ------------- 161

07 元素の周期律 162
　　□ アルカリ金属の単体を身近に見られない理由 -------- 162

Business ヘリウムは医療でも活用されている ……………………… 163

08 イオン結晶 164
イオン結晶の性質 …………………………………………… 164
Business 発泡入浴剤の仕組み ………………………………… 165

09 分子 166
分子の表し方 ………………………………………………… 166
Business 気体は分子でできているものの代表例 ……………… 167

10 分子結晶 168
分子どうしで結びつける力 ………………………………… 168
Business ナフタレンも分子結晶 ……………………………… 169

11 共有結合結晶 170
共有結合結晶の限られた例 ………………………………… 170
Business ケイ素の結晶は半導体製造の肝 …………………… 171

12 金属結晶 172
金属の性質を生む自由電子 ………………………………… 172
Business 電線に銅が使われている理由 ……………………… 173

13 物質量（1） 174
物質に含まれる原子の数の求め方 ………………………… 174

14 物質量（2） 176
膨大な数の気体分子が気圧を生む ………………………… 176
Business クリーンルームはどのくらい清浄か？ ……………… 177

15 化学反応式と量的関係 178
化学反応式の利用法 ………………………………………… 178
Business ガソリンを燃やしたときに排出される二酸化炭素の量 ‥ 179

16 酸と塩基 180
pHの定義の仕方 …………………………………………… 180
Business pHは品質管理にも活用されている ………………… 181

17 中和反応 182
中和滴定によって酸または塩基の正確な濃度を知る ……… 182
Business トイレの消臭剤への活用 …………………………… 183

18 状態変化と熱 184
化学の世界で使う絶対温度 ………………………………… 185
Business calとJの使い分け ………………………………… 185

19 気液平衡と蒸気圧 186
液体がなくなってしまえば蒸気圧に達しないことも ……… 186
Business 圧力鍋の仕組み ……………………………………… 187

20 気体の状態方程式 ——— 188
　📖 1つの値を一定にして2つの値の変化を考える ——— 188
　　Business エレベーターで高い位置に急上昇すると耳が痛くなる理由 … 189

21 ドルトンの分圧の法則 ——— 190
　📖 空気の平均分子量を求める ——— 190

22 溶解平衡と溶解度 ——— 192
　📖 似たものどうしだと溶解度が大きくなる ——— 193

23 濃度の換算 ——— 194
　📖 溶液1Lについて考えるのが、単位換算のコツ ——— 194
　　Business 大気中の二酸化炭素濃度を表す単位 ——— 195

24 沸点上昇と凝固点降下 ——— 196
　📖 沸点上昇度と凝固点降下度は、類似の式で求められる ——— 196

25 浸透圧 ——— 198
　📖 浸透圧を求める式は、気体の状態方程式に似ている ——— 198
　　Business 海水を真水にする方法 ——— 199

26 コロイド溶液 ——— 200
　📖 コロイド溶液の特有の性質 ——— 201
　　Business 腎臓の透析のメカニズム ——— 201

27 熱化学方程式 ——— 202
　📖 熱化学方程式の書き方 ——— 202

28 酸化還元反応 ——— 204
　📖 酸化還元反応を酸素や水素の授受で理解する方法 ——— 204
　　Business カイロが温かくなる仕組み ——— 205

29 金属の酸化還元反応 ——— 206
　📖 イオン化列から、実現する反応と実現しない反応を見極められる … 206
　　Business 「トタン」と「ブリキ」のメッキ方法 ——— 207

30 電池 ——— 208
　📖 初期に開発された電池から、電池の仕組みを学ぶ ——— 208
　　Business 燃料電池が電気を生み出す仕組み ——— 209

31 電気分解 ——— 210
　📖 陰極で起こる反応 ——— 210
　📖 陽極で起こる反応 ——— 211

32 反応速度 ——— 212
　📖 反応速度は3つの要因によって変化する ——— 212

33 化学平衡 214

平衡は変化を和らげる方向へ移動する 215

34 電離平衡 216

電離定数と電離度の関係を理解する 216

Business 緩衝溶液の仕組み 217

Column 油性インキを落とすのに最適な方法は？ 218

Column 道路の凍結防止 218

Chapter
06 化学編　無機化学　　　219

Introduction

生き物と無関係な物質 220

無機化合物を理解するポイント 220

01 非金属元素（1） 222

分類に従って、気体の製法を理解する 222

弱塩基に分類される気体の発生の仕方 224

揮発性の酸に分類される気体の発生の仕方 226

揮発性の酸を発生させる 226

Business 地球上の大気の構成 227

02 非金属元素（2） 228

気体の性質は水への溶けやすさで理解する 228

03 非金属元素（3） 230

酸性・中性・塩基性の理解が乾燥剤の使い分けには重要 230

気体を発生させて性質を調べる実験 231

04 金属元素（1） 232

アルカリ金属のイオンは沈殿しない 232

Business 海水や河川水の水質調査 233

05 金属元素（2） 234

合金の用途 234

Business 形状記憶合金に使われる金属 235

06 金属元素（3） 236

カルシウムの化合物の変化の仕組み 236

Business ひもを引くと温かくなる弁当の仕組み 237

07 化学薬品の保存法 238

薬品保存法の理由 238

08 無機工業化学（1）⋯⋯⋯⋯⋯⋯⋯⋯⋯⋯ 240
　　□ 発煙するほど濃い硫酸を作ってから薄める ⋯⋯⋯⋯⋯ 241
　　　　Business 肥料に使われる重要な成分 ⋯⋯⋯⋯⋯⋯ 241
09 無機工業化学（2）⋯⋯⋯⋯⋯⋯⋯⋯⋯⋯ 242
　　□ 特定のイオンだけを交換する膜 ⋯⋯⋯⋯⋯⋯⋯⋯ 242
　　　　Business 石鹸を製造するときの原料 ⋯⋯⋯⋯⋯⋯ 243
10 無機工業化学（3）⋯⋯⋯⋯⋯⋯⋯⋯⋯⋯ 244
　　□ 巨万の富を得たソルベー ⋯⋯⋯⋯⋯⋯⋯⋯⋯⋯ 244
　　　　Business 胃腸薬への活用 ⋯⋯⋯⋯⋯⋯⋯⋯⋯⋯ 245
11 無機工業化学（4）⋯⋯⋯⋯⋯⋯⋯⋯⋯⋯ 246
　　□ 水溶液の電気分解でアルミニウムを製法できない理由 ⋯ 246
　　　　Business 航空機や自動車の軽量化に欠かせない金属 ⋯ 247
12 無機工業化学（5）⋯⋯⋯⋯⋯⋯⋯⋯⋯⋯ 248
　　□ 製鉄所で行っていること ⋯⋯⋯⋯⋯⋯⋯⋯⋯⋯ 248
　　　　Business 鉄は金属の王様 ⋯⋯⋯⋯⋯⋯⋯⋯⋯⋯ 249
13 無機工業化学（6）⋯⋯⋯⋯⋯⋯⋯⋯⋯⋯ 250
　　□ 粗銅に含まれる不純物の行方 ⋯⋯⋯⋯⋯⋯⋯⋯ 250
　　　　Business 電線の材料 ⋯⋯⋯⋯⋯⋯⋯⋯⋯⋯⋯ 251
　　Column 毒性のある気体の利用 ⋯⋯⋯⋯⋯⋯⋯⋯⋯ 252
　　Column 将来のエネルギー源として期待されるメタンハイドレート ⋯⋯ 252

Chapter
07 化学編　有機化学 253

Introduction
　　有機化合物とは炭素が中心となって構成されている物質のこと ⋯⋯⋯ 254
01 有機化合物の分類・分析 ⋯⋯⋯⋯⋯⋯⋯⋯ 256
　　□ 炭化水素の化学式は丸暗記せず理解する ⋯⋯⋯⋯⋯ 257
02 脂肪族炭化水素 ⋯⋯⋯⋯⋯⋯⋯⋯⋯⋯⋯ 260
　　□ 脂肪族炭化水素の性質の違い ⋯⋯⋯⋯⋯⋯⋯⋯ 261
03 アルコールとエーテル ⋯⋯⋯⋯⋯⋯⋯⋯⋯ 262
　　□ アルコールとエーテルの性質 ⋯⋯⋯⋯⋯⋯⋯⋯ 263
04 アルデヒドとケトン ⋯⋯⋯⋯⋯⋯⋯⋯⋯⋯ 264
　　□ アルデヒドの性質 ⋯⋯⋯⋯⋯⋯⋯⋯⋯⋯⋯ 265
05 カルボン酸 ⋯⋯⋯⋯⋯⋯⋯⋯⋯⋯⋯⋯ 266
　　□ カルボン酸の性質 ⋯⋯⋯⋯⋯⋯⋯⋯⋯⋯⋯ 266
　　　　Business 酢酸はさまざまな用途に使われている ⋯⋯⋯ 267

06 エステル　268

 📖 エステルの性質 ──────────────── 268

  Business エステルは飲料やお菓子の香料に利用されている ───── 269

07 油脂と石鹸　270

 📖 石鹸は油脂を原料として作られる ──────── 271

  Business 石鹸の油汚れを落とす働き ──────── 271

08 芳香族炭化水素　272

 📖 ベンゼンが起こす反応 ─────────── 273

09 フェノール類　274

 📖 フェノール類が起こす反応 ───────── 274

10 芳香族カルボン酸（1）　276

 📖 酸性の強さの比較 ──────────── 276

  Business 食品の保存料として用いられる物質 ───── 279

11 芳香族カルボン酸（2）　280

 📖 サリチル酸は医薬品の源 ─────────── 280

12 有機化合物の分離　282

 📖 有機化合物の分離操作の具体例 ─────── 283

13 窒素を含む芳香族化合物　284

 📖 アニリンとニトロベンゼンの関係 ──────── 284

 📖 アゾ染料の合成 ──────────────── 286

 索引 ───────────────────── 287

本書の特徴と使い方

物理・化学とは何か？

本書の目的は、「**物理や化学を使えるようになる**」ことです。

私たちが暮らす世界の謎を解こうという学問が、物理や化学です。それらは、ときには果てしなく遠い宇宙がどうなっているか考えることもありますし、目に見えない小さな世界を探検することもあります。マクロからミクロまで幅広く、謎を解いていこうとする姿勢は一貫しています。

物理のベースとなるのは**力学**です。これをもとに、熱力学、波動、電磁気学、量子力学を考えていきます。力学とは、言葉の通り「力」について考える学問です。力とは何か、力にはどのような種類があってどのような特徴の違いがあるのか、そして力は物体に対してどのような影響を与えるのかということです。こういったことを、高校物理では丁寧に学びます。

私たちは、力なしには生活できません。ものを持つのも押すのも運ぶのも、力がなければ不可能です。歩くときにも、摩擦のないところでは前へ進むことはできません。摩擦力という力のおかげで前進しているのです。鉛筆を持つときにも、完全に摩擦がなかったら持っていることができません。これは一例ですが、力があるからこそ生活できるのであり、すべてが力によって支えられているといっても過言ではありません。

一方、化学は、**身の回りのあらゆる物質がどのような成分でできているのか**を学ぶ学問です。成分とは、突き詰めればそれを構成する原子や分子などのミクロな粒子のことです。それらの性質が理解できてこそ、その物質が持つ特徴がどのように生まれるのか理解できます。そして、その特徴を変えることにもつながるのです。

そういった意味で、ベースとなるのは理論化学です。物質が持つ特徴の生まれ方について、理屈を突き詰めていきます。高校化学では、これを最初に学びます。そして、後半に無機化学や有機化学、高分子化学などを学びます。ここ

は、具体的な物質が多数登場する分野です。これらについて整理して理解するためには、まずは理論化学の理解が欠かせないわけです。

学び方の注意点

高校で学ぶ物理と化学の概要を示しました。物理も化学も、多くの高校生が「難しい」と感じる学問です。その記憶を持たれている社会人の方も多いのではないでしょうか。

しかし、ベースとなる理論は限られています。最初は理解が難しいこともあるかもしれませんが、焦らずに丁寧に1つずつ学んでいけば、その後はスムーズに学習を進めることができます。これが物理や化学の特徴です。多くのことを学ばなければならないからといって、最初の部分をいい加減にしてしまうと、その後の理解もおぼつかなくなってしまいます。**焦らずに学ぶことこそ、高校物理と高校化学を学ぶ上での最大の注意点**といえます。

社会人にも受験生にも役に立つ

物理や化学は、いろいろな製品を作るベースとなります。物理や化学の理解抜きに、よりよいものを開発しようとするのはナンセンスです。そんなに、偶然の産物に出合えるものではないでしょう。

そういった意味で、多くの社会人の方にとって高校物理と高校化学を復習することは有益であると考えています。
そして、さまざまな検定試験を受験するのにも、高校物理と高校化学の理解は役立つはずです。

大学受験生にとって大事なのは、いうまでもありません。

本書の使い方

本書の使い方を下に示します。星や概略を参考に、まずは細部ではなく、概要をざっくり把握することを優先してください。

知りたい項目だけを辞書的に調べる使い方でもよいですが、できれば一度通読してもらえると、物理・化学の全体像がつかめるはずです。

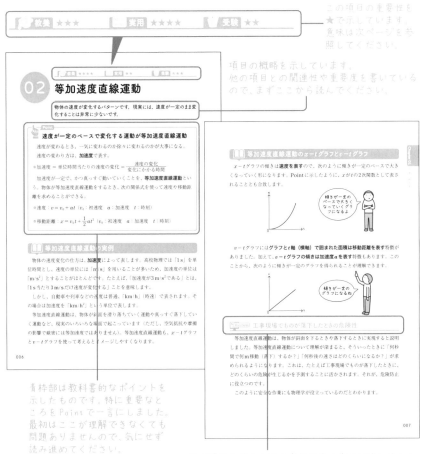

本書では重要性を「教養」「実用」「受験」とターゲット別に分けて示しています。ターゲットと★の数の意味を下に示します。

「教養」の想定ターゲット

● メーカー勤務の管理職の方。高校で文系だったため物理や化学を十分に学んでいないが、最低限の知識を学びたいという方。

★★★★★	大変重要な項目です。よく理解してください。
★★★★	重要な項目です。一通り理解してください。
★★★	細部までは不要ですが、基本を理解してください。
★★	余裕があれば言葉の意味を理解してください。
★	教養のレベルでは不要の知識です。

「実用」の想定ターゲット

● 電気、情報、機械、建築、化学、生物、薬品などのメーカーで開発、設計などを担当されている方。実際にものを作る仕事をされている方。

★★★★★	仕事で日常的に使います。よく理解してください。
★★★★	仕事でよく使います。一通り理解してください。
★★★	仕事で使うことがあります。基本を理解してください。
★★	あまり仕事では使わないかもしれません。
★	仕事上は不要なことがほとんどです。

「受験」の想定ターゲット

● 共通テストや大学個別の試験で物理、化学が必要な大学受験生の方。

★★★★★	絶対に理解する必要があります。
★★★★	頻出項目なので、一通り理解してください。
★★★	細部までは不要ですが、基本を理解してください。
★★	あまり試験には出ませんが、余裕があれば理解してください。
★	大学受験では不要の知識です。

物理編
力学・熱力学

　物理の基本は、何といっても力学です。**力学の考え方が物理全体に通用します**。そのため、高校物理においてはまず力学を学ぶことになります。本書においても、まずは力学の重要事項を整理していただくため、最初に掲載します。

　力学で学ぶことの大半は、17世紀に活躍したイギリスのニュートンによって構築された学問です。

　ニュートンは、18歳でケンブリッジ大学へ入学しました。そこで多くのことを学び、飛び抜けた才能を発揮しました。しかし、ちょうどその頃にロンドンからケンブリッジにかけてペストが大流行しました。ペストは非常に致死率の高い伝染病で、ケンブリッジ大学も2年間閉鎖されたそうです。

　その期間、ニュートンは故郷へ帰りました。そして、一人で物理学や数学の研究を続けたのです。実は、物理学や数学に関する数々の発見は、この時期になされたといわれています。大学で研究していたときではなく、一人でいたときだったのです。孤独な中でも深い思索を続ける忍耐強さを持っていたからこその成果だったことがわかります。

　新型コロナウイルスによって学校が閉鎖されるという事態が、21世紀に入ってからも起こってしまいましたが、実は、こうしたことは過去に何度もあったのです。そんな中でも、人類は学問を発展させてきました。そして、今日があるのです。

　話がそれてしまいましたが、まずは力学、そして熱力学について理解してください。熱についての学問が「熱力学」といわれるのは、**やはりその考え方に力学が必要とされているから**なのです。力学のことがよくわかっていないと、熱力学についてよく理解することが難しくなってしまうのです。

教養として学ぶには

運動方程式を出発点として、仕事と力学的エネルギーの関係や、運動量と力積の関係を考えることができます。円運動や単振動などの複雑な運動についても理解できるようになります。さらには、天体の運動のようなスケールの大きな世界のことも考えられるようになります。限られた原理に基づいてあらゆる現象を考えられる力学の面白さを味わってください。

仕事で使う人にとっては

機械設計など、力学はなくてはならないものです。もちろん、建設現場においても欠かすことはできません。

受験生にとっては

物理のベースは力学です。入試においても高配点です。また、力学が理解できないと以降の分野の理解も難しくなってしまいます。

そのような意味で受験生の皆さんが優先して学習すべきなのは力学分野でしょう。何よりも基本が大切となる分野なので、1つずつ丁寧に学んでいくとよいと思います。必ずマスターしましょう。

01 等速直線運動

物体の運動を考える基本です。運動の様子をイメージできるようになりましょう。

Point

等速直線運動は、最もシンプルな動き方のこと

物体の動き方は、**速度**によって表される。

- 速度 = 運動の向きと速さをあわせた量

一定の速度で動き続けることを、**等速直線運動**という。速度が一定ということは、同じ向きに同じ速さで動き続けるということ。

物体が等速直線運動をするときには、

移動距離 x = 速さ v × 時間 t

という関係式を使うことができる。

物体の運動はグラフで表すと便利

物体の運動の仕方について、いくつかのパターンが登場します。最初は、最もシンプルな**等速直線運動**です。

数式だけを使って物体の運動を考えると、難しいことも多くあります。また、運動に対するイメージを持ちにくくなります。このときに役立つのが、グラフです。

物体の運動の様子を表すグラフには、いくつかの種類があります。ここでは、その中でも基本となる $x-t$ グラフと $v-t$ グラフについて説明します。

等速直線運動の $x-t$ グラフと $v-t$ グラフの関係性

$x-t$ グラフは、時間 t とともに物体の位置 x がどのように変わっていくかを表すグラフです。

等速直線運動の場合、時間 t が経つにつれて位置が一定のペースで変わってい

くので、次の形になります。

時間が経つにつれて位置が一定のペースで変わっていくグラフだよ

一方、**$v-t$グラフ**は、時間tとともに物体の速度vがどのように変わっていくかを表すグラフです。等速直線運動の場合、時間tが経過しても速度vは一定なので、次の形になります。

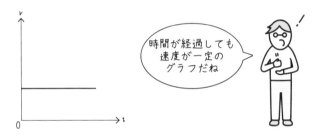

時間が経過しても速度が一定のグラフだね

ここで重要なのは、この2つのグラフの関係性です。

まず、**$x-t$グラフの傾きが速度を表す**関係にあります。等速直線運動の場合、$x-t$グラフの傾きは一定です。このことは、速度vが一定であることを表しています。

また、**$v-t$グラフとt軸（横軸）で囲まれた面積は移動距離を表す**関係も成り立ちます。等速直線運動の場合、この面積は時刻tに比例します。すなわち、移動距離が時刻tに比例しながら増えていることを示しているのです。

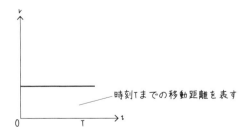

時刻Tまでの移動距離を表す

この関係は、これからより複雑な運動を考えるときに、とても役立ちます。

02 等加速度直線運動

物体の速度が変化するパターンです。現実には、速度が一定のまま変化することは非常に少ないです。

🖐 Point

速度が一定のペースで変化する運動が等加速度直線運動

速度が変わるとき、一気に変わるのか徐々に変わるのかが大事になる。速度の変わり方は、**加速度**で表す。

- 加速度 ＝ 単位時間当たりの速度の変化 ＝ $\dfrac{速度の変化}{変化にかかる時間}$

加速度が一定で、かつ真っすぐ動いていくことを、**等加速度直線運動**という。物体が等加速度直線運動をするとき、次の関係式を使って速度や移動距離を求めることができる。

- 速度：$v = v_0 + at$ （v_0：初速度　a：加速度　t：時刻）

- 移動距離：$x = v_0 t + \dfrac{1}{2}at^2$ （v_0：初速度　a：加速度　t：時刻）

📖 等加速度直線運動の実例

　物体の速度変化の仕方は、**加速度**によって表します。高校物理では「1 s」を単位時間とし、速度の単位には「m/s」を用いることが多いため、加速度の単位は「m/s^2」とすることがほとんどです。たとえば、「加速度が3 m/s^{2}である」とは、「1 s当たり3 m/sだけ速度が変化する」ことを意味します。

　しかし、自動車や列車などの速度は普通、「km/h」（時速）で表されます。その場合は加速度を「km/h^2」という単位で表します。

　等加速度直線運動は、物体が斜面を滑り落ちていく運動や真っすぐ落下していく運動など、現実のいろいろな場面で起こっています（ただし、空気抵抗や摩擦の影響で厳密には等加速度ではありません）。等加速度直線運動も、$x-t$グラフと$v-t$グラフを使って考えるとイメージしやすくなります。

📖 等加速度直線運動の$x-t$グラフと$v-t$グラフ

$x-t$グラフの傾きは**速度を表す**ので、次のように傾きが一定のペースで大きくなっていく形になります。**Point**に示したように、xがtの2次関数として表されることとも合致します。

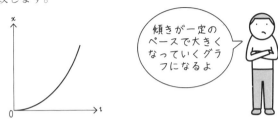

傾きが一定のペースで大きくなっていくグラフになるよ

$v-t$グラフには**グラフとt軸（横軸）で囲まれた面積は移動距離を表す**特徴がありました。加えて、**$v-t$グラフの傾きは加速度aを表す**特徴もあります。このことから、次のように傾きが一定のグラフを得られることが理解できます。

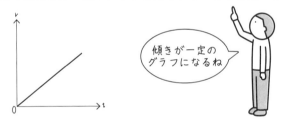

傾きが一定のグラフになるね

🖥️Business 工事現場でものが落下したときの危険性

等加速度直線運動は、物体が斜面を下るときや落下するときに実現すると説明しました。等加速度直線運動について理解が深まると、そういったときに「何秒間で何m移動（落下）するか？」「何秒後の速さはどのくらいになるか？」が求められるようになります。これは、たとえば工事現場でものが落下したときに、どのくらいの危険が生じるかを予測することに活かされます。それが、危険防止に役立つのです。

このように安全な作業にも物理学が役立っているのだとわかります。

03 放物運動

物体が地面に接することなく運動する場合、重力の影響を受けながら運動します。このとき、物体は放物運動をします。

> **Point**
>
> ## 放物運動は、鉛直方向・水平方向の2方向に分解して考える
>
> 物体に重力が働く方向を**鉛直方向**、それに直交する向きを**水平方向**という。
>
> 物体が重力を受けながら運動する場合、この2方向に分解すると運動の様子を理解しやすくなる。
>
> ● 鉛直方向の運動 ＝ 等加速度直線運動。加速度は、重力加速度 $g \fallingdotseq 9.8\,\mathrm{m/s^2}$
>
> ● 水平方向の運動 ＝ 等速直線運動
>
> このように考える上で大事なポイントは、物体の初速度も「鉛直方向」と「水平方向」に分解する点である。

放物運動はいろいろなところで見られる

キャッチボールをするとき、どのような向きにどのくらいの速さでボールを投げたらちょうど相手の位置へ届くか、考えますね。ゴミ箱まで近づかずにゴミを投げ入れるときなども、同様です。これらのときに、物体は放物線を描きながら運動するので、**放物運動**といわれます。

放物運動の理解が、たとえばバッティングセンターにあるボールの発射装置を作るときに必要です。バッティングマシンでは、いろいろなスピードでボールを発射できます。スピードが変わるたびに発射する向きを調整しないと、打つ人のところへボールは届きません。

さて、放物線を描く運動は複雑そうに思えます。しかし、「鉛直方向」と「水平方向」の2方向に分解して考えれば難しくありません。

📖 鉛直方向の運動

鉛直方向には、重力の影響によって加速度が生じます。これを**重力加速度**といい、普通は「g」（gravityの頭文字）と表します。

重力加速度の大きさは、地球上の位置によってわずかに異なります。全体的な傾向としては北極や南極に近いほど大きく、赤道に近いほど小さくなります。これは、赤道付近では遠心力が強く働くためです。

ただし、その差は非常にわずかで、たとえば南極の昭和基地では$9.82524\,\mathrm{m/s^2}$、赤道に近いシンガポールでは$9.78066\,\mathrm{m/s^2}$といった感じです。つまり、地球上のどこでも重力加速度の値はおよそ$9.8\,\mathrm{m/s^2}$となっているのです。

鉛直方向の運動については、02で学んだ式の加速度を重力加速度gとして、

- 速度：$v = v_0 + gt$ （v_0：初速度　g：重力加速度　t：時刻）

- 落下距離：$y = v_0 t + \dfrac{1}{2}gt^2$ （v_0：初速度　g：重力加速度　t：時刻）

といった式を使って考えることができます。

📖 水平方向の運動

水平方向には重力が働きません。そのため、重力の影響による加速度が登場しません。

けれども、現実には、空気抵抗などの力が働きます。そのため、水平方向にも加速度が生じるのが普通です。しかし、ここでは空気抵抗のない（または無視できるほど小さい）状況を考えます。すると、水平方向には加速度が生じないことになります。つまり、物体は水平方向には等速直線運動をするのです。よって、水平方向の運動については、01で学んだ

- 移動距離：$x = $ 速さ$v \times$時間t

という式を使って考えることができます。このように、運動を2つの方向に分けて考えるのがポイントです。

等加速度直線運動

放物運動

等速直線運動

04 力のつりあい

物体にいくつかの力が働いていても、それらの力がつりあっている状況はよくあります。このとき、静止している物体は静止を続けます。

> **Point**
> ## 力のつりあいも鉛直方向・水平方向の2方向に分解して考える

　物体に働く力は、合成して考えることができる。たとえば、次のように合成できる。

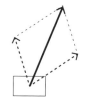

　このように、力の合成は図形的に考えることができる。そして、物体に働く力の合力が0になることを**力がつりあっている**という。

力がつりあっている例

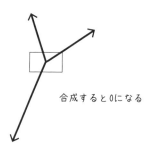

力のつりあいを活用して、重いものをラクラク持ち上げる

　基本的に、どんなものにも常に何らかの力が働いています。地球上にあるものなら、少なくとも重力が働いています。それだけだとすべてのものが落下していくことになりますが、そうならないのは、たとえば地面や床が支える力や、ロー

プが引っ張る力が働いているからです。物体が静止しているならば、その物体に働く力はつりあっているはずです。

クレーン車の原理

工事現場では、非常に重いものを高いところへ持ち上げなければならないこともあります。そうしたときに活躍するのがクレーン車です。クレーン車では、1本のワイヤーを使って重いものを引っ張ります。

ただ、そのまま引っ張ったのではワイヤーにとても大きな負担がかかってしまいます。そこで、次のようにいくつもの滑車を使っています。

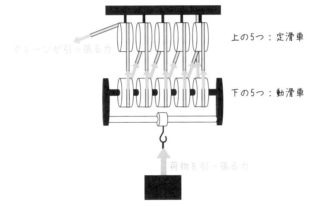

上の5つ：定滑車

クレーンが引っ張る力

下の5つ：動滑車

荷物を引っ張る力

1本のワイヤーを、いくつもの滑車に順に巻きつけます。そして、それぞれの滑車は荷物を引っ張るフックとつながっていて、ワイヤーの力が何倍にもなる仕組みなのです。上の場合、クレーン車がワイヤーを引っ張る力は10倍になって荷物を持ち上げられるようになります。これはひとつの例ですが、力の合成はあらゆるところで利用されています。

なお、「力のつりあい」と混同しやすい関係が「**作用・反作用の法則**」です。ある物体Aから別の物体Bに働く力を「作用」としたとき、BからAに働く力を反作用といいます。このとき、「AからBへは力が働くが、BからAへは力が働かない」ことは決してありません。そのことを作用・反作用の法則といいます。

ある**1つの物体**に働く力の関係を考えるのが、力のつりあいです。それに対して、**2つの物体の間**で成り立つのが作用・反作用の法則です。ここに着目すると、2つの違いを間違いにくくなります。

05 水圧と浮力

水の中では、大気中で受けるよりも大きな圧力を受けます。このことが、
水に沈んだものを浮かせようとする力を生み出す原因になります。

Point

水圧の変化が、浮力を生み出す

水圧

水中に沈んだ物体には、次のような大きさの圧力が働く。

●水圧：$p = p_0 + \rho g h$ （p_0：大気圧　ρ：水の密度　g：重力加速度　h：水深）

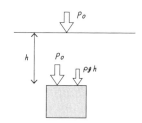

浮力

水圧は、同じ深さであればあらゆる方向に均等
に働く。そのため、水中に沈んだ物体の上面と下
面が受ける力には差が生まれる。この差が、物体
を浮かせようとする**浮力**となる。

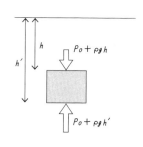

物体が、

●上面から受ける力：$f = (p_0 + \rho g h)S$　（S：沈んだ物体の断面積）

●下面から受ける力：$f' = (p_0 + \rho g h')S$

より、

●浮力：$f' - f = \rho g(h' - h)S = \rho V g$　（V：沈んだ物体の体積）

と求められる。

圧力が2倍になる水深は？

　水中の深いところへ潜るほど、水の重さがのしかかってくるため水圧が大きくなります。

　大気圧 p_0 の大きさは、およそ $100,000\,\mathrm{Pa}$（パスカル：圧力の単位）です。水の密度 ρ は約 $1,000\,\mathrm{kg/m^3}$、重力加速度 g を約 $10\,\mathrm{m/s^2}$ に近似すると（実際は約 $9.8\,\mathrm{m/s^2}$）、水圧が大気圧の2倍になるための水深 h は、

$$200000\,\mathrm{Pa} = 100000\,\mathrm{Pa} + 1000 \times 10 \times h \quad (\mathrm{Pa})$$

の関係から、$h = 10\,\mathrm{m}$ と求められます。つまり、水深が $10\,\mathrm{m}$ 増すごとに水圧は**大気圧分だけ増加していく**のです。

〔Business〕潜水調査船「しんかい6500」

　海の深いところへ潜るのは、潜水艦だけではありません。深海は、人類にとってまだまだ未知の世界です。その調査のためにあるのが、潜水調査船です。

　たとえば、日本には深さ $6,500\,\mathrm{m}$ まで潜って調査できる「しんかい6500」があります。これは有人の潜水調査船です。これだけ深いところへ行ったら、どのくらいの水圧を受けるのでしょうか。

　水深が $10\,\mathrm{m}$ 増すごとに大気圧分だけ水圧が大きくなります。水深 $0\,\mathrm{m}$（このときは大気圧）から、$10\,\mathrm{m} \times 650$ 回分、すなわち大気圧の650倍ほども水圧が大きくなる世界だとわかります。

　ちなみに、そもそも大気圧は $1\,\mathrm{m^2}$ 当たりに 10 トンの重さのものが載ったほどの大きさです。その650倍ですから、どれだけ水圧が大きくなるかがわかると思います。しんかい6500は、この水圧に耐えられるよう、内径 $2.0\,\mathrm{m}$ の船室は厚さ $73.5\,\mathrm{mm}$ のチタン合金でできているそうです。

06 剛体のつりあい

物体に力が働くとき、力が働く位置（作用点）によってその影響は変わります。物体が変形しなくても回転させる働きが変わるからです。

👆 Point

力のモーメントは、回転軸からの距離によって変わる

　物体に働く力の、物体を回転させる働きの大きさを**力のモーメント**という。力のモーメントは、下図の左のように求められる。

　物体が回転せずに静止している場合は、たとえば下図の右のように力のモーメントのつりあいが成り立っている。

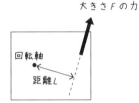

力のモーメントの大きさ＝ FL

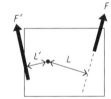

モーメントのつりあい FL ＝ F′L′

📖 物体が倒れないためには、モーメントのつりあいが必要

　まずは、身近な例から力のモーメントについて考えてみましょう。

　2人の人が、野球のバットの両端付近をそれぞれ握っています。そして、お互いに力を込めて逆向きに回そうとします。このとき、どちら側を握っている人のほうが有利でしょうか。

　実際にやってみればわかりますが、バットの太くなっている側を握っている人のほうがずっと有利になります。これは、太いほうが、**加えている力のバットの回転軸からの距離が大きくなっているからです**。回転軸からの距離が大きいため、大きなモーメントが発揮されるのです。力の大きさは

同じでも、作用する位置によって回転に与える影響がまったく変わってくることが理解できます。

巨大な建造物の設計

　自然エネルギーの活用を普及させることは、世界的な課題です。そのひとつが、風力発電です。巨大風車を設置できる場所が限られている日本にとって、洋上風力発電は大きな可能性を秘めていると考えられています。海洋上であれば、騒音や景観破壊が問題にならないだけでなく、風力が安定するメリットもあります。

　ただ、日本の近海は深いところがほとんどで、海底に固定して設置するとコストが高くなってしまいます。そこで、海に浮かべる風車が研究されています。

　そのときの課題が、**いかに風車を倒れないように設計するか**です。浮体式の風力発電機では、塔の上部を中空の薄い鉄に、下部を中空のコンクリートにします。そして、下部には海水を入れられるようにします。そのようにすることで、発電機全体の重心を低くできます。

　このとき、発電機を浮かせるのは海水から働く浮力です。浮力は、およそ沈んでいる部分の中心に働きます。すると、波や風によって風力発電機が傾いたとしても、下図の右下のように元へ戻そうとするモーメントが生じて、発電機は安定するのです。

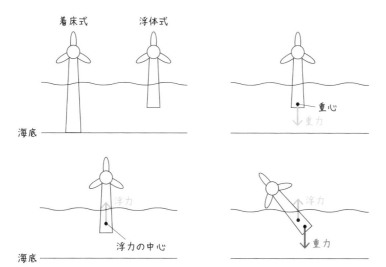

07 運動方程式

物体に働く力がつりあわないときには、物体の速度が変化します。その
ことを表したのが運動方程式です。

👆 Point

運動方程式から物体に生じる加速度を求められる

物体に大きさFの力が働き、大きさaの加速度が生じるとき、両者の間に
は次の関係が成り立つ。

- 運動方程式：$ma = F$（m：物体の質量）

ここから、物体に生じる加速度aは、物体が受ける力Fに比例する。ただ
し、加速度aは物体の質量mによっても変わり、両者は反比例の関係にあ
る。

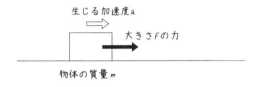

生じる加速度a

大きさFの力

物体の質量m

📖 物体の質量が大きいほど速度が変化しにくい

力の大きさを表すとき、単位が必要となります。SI（国際単位系）では、力の
大きさを表す単位に**「N」**（ニュートン）が用いられます。この「N」という単位
は、運動方程式をもとに定義されたものです。

同じくSIにおいて、質量の単位は「kg」、加速度の単位は「m/s^2」です。これ
らを運動方程式へ代入すると、

$$1\,\mathrm{kg} \times 1\,\mathrm{m/s}^2 = 1\,\mathrm{N}$$

となります。すなわち、1Nとは質量1kgの物体に1m/s^{2}の加速度を生じさせる
力の大きさと定義されているのです。

運動方程式からは**物体の質量が大きいほど、同じ力が働いたとしても加速度が生じにくくなる**ことがわかります。軽いものに比べて重いもののほうが、動かし始めたり動きを止めたりするのが大変であることから、理解ができると思います。

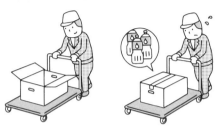

Business 宇宙で正確に体重を測るためには？

運動方程式は、質量計測機器に活用されています。ものの「重さ」は体重計で測ることができます。ただし、「質量」を測っているわけではありません。このことは、ISS（国際宇宙ステーション）などの無重力空間をイメージするとわかると思います。無重力状態では、どんなものでも「重さ」は0となります。しかし、「質量」が0となるわけではありません。

ISSに長期滞在する宇宙飛行士は、健康管理のために自分の「質量」を測定しています。けれども、「重さ」は0なのですから体重計で測ることはできません。そこで、ゴムひものようなものを利用します。宇宙飛行士がゴムひもを引っ張ります。そして、引き戻されるときの速さを測定するのです。これは、ゴムひもの力によって速度が変化する（加速度が生じる）ということです。宇宙飛行士の「質量」が大きいほど、速度は変化しにくくなるはずです。そのことから、質量がわかるというわけです。

ゴムひもの代わりにばねを使っても、同様の測定が可能です。質量が大きいほど、それにつながれたばねはゆっくりと振動するようになるのです。

08 空気抵抗と終端速度

落下する物体は、重力によって加速します。ただし、加速の度合いは小さくなっていきます。空気抵抗が働くためです。

> **Point**
>
> ## 落下する物体の速度は、一定値に収束する
>
> **空気抵抗**
>
> 03で、物体が落下するときの加速度は重力加速度 g（$≒9.8\,\mathrm{m/s^2}$）であることを解説した。ただし、これは空気抵抗が働かない場合の話であり、現実には、落下する物体には**空気抵抗**が働く。そのため、加速度は重力加速度 g よりも小さくなる。
>
> 空気抵抗を受ける物体に生じる加速度 a は、
>
> - 運動方程式：$ma = mg - kv$（m：物体の質量　v：物体の速さ）
>
> より、「$a = g - \dfrac{kv}{m}$」と求められる。
>
> ここで、空気に対する物体の速さ v があまり大きくないとき、空気抵抗の大きさは速さ v に比例することを利用した（k は比例定数）。
>
> **終端速度**
>
> 速さ v が徐々に大きくなると、やがて「$a = g - \dfrac{kv}{m} = 0$」となる。すなわち、物体の速度が一定となる。このときの物体の速度を**終端速度**という。
>
> - 終端速度：$v = \dfrac{mg}{k}$

📖 大粒の雨ほど激しく降る理由

上空の高いところから落下するものといえば雨粒ですね。雨は上空数kmの高さにある雲から降ってきます。その間、ずっと重力を受け続けます。

もしも空気抵抗がなかったら、雨粒はどのくらいの速さで地面に達するので

しょうか。スタート地点を上空1kmとして計算すると、地面に達するときには$140\,\mathrm{m/s}$（$\fallingdotseq 500\,\mathrm{km/h}$）もの速さになることが求められます。これは、新幹線よりもずっと大きな速度です。こんなスピードで降ってきたら、いくら雨粒とはいえ危険です。

実際には、これよりはるかにゆっくり落下してきます。雨滴は、地面に達する頃には終端速度になっています。そして、終端速度の大きさは**雨滴の大きさに依存**します。

ここでは、単純化して考えてみます。終端速度$v = \dfrac{mg}{k}$に登場する値の中で、重力加速度gは雨滴の大きさにかかわらず一定です。雨滴の大きさによって変わるのは、雨滴の質量mと空気抵抗の比例定数kです。

雨滴が球形を保っているとすると、その質量は球の半径の3乗に比例します。体積が球の半径の3乗に比例するからです。

また、空気抵抗の比例定数kは、およそ球の断面積に比例します。つまり、球の半径の2乗に比例するということです。

以上のことから、終端速度$v = \dfrac{mg}{k}$は、$\dfrac{（雨滴の半径）^3}{（雨滴の半径）^2} = $ 雨滴の半径に比例することが理解できます。

このことは、実体験を通して納得できるのではないでしょうか。

雨滴の落下速度（終端速度）がどのように求められるかという問題は、気象予報士試験でも出題されています。雲の様子から雨滴の大きさを予想し、どのくらい激しく降るか予報しているのです。

小雨は優しく降り、大雨は激しく降る

09 仕事と力学的エネルギー

物体を高い位置へ移動させたり、加速して速く動かしたりする場面で必要となる考え方です。「力」だけでなく「エネルギー」に着目することで見える関係があります。

Point

仕事をした分だけ、物体の運動エネルギーが増加する

仕事

物理では、力を加えて何かを動かすことを**仕事**という。一般的な仕事とは意味が異なるので、注意が必要（たとえば、長時間ものを支えていたとしても、動かさなければ物理では「仕事した」とはいわない）。

仕事の大きさは、「$W = Fs\cos\theta$（F：力の大きさ　s：移動距離）」と求められる。

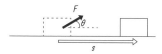

力学的エネルギー

物体には、「仕事をする能力」が備わっている。これを**エネルギー**という。エネルギーには、**運動エネルギー**（動いている物体が持つエネルギー）、**重力による位置エネルギー**（高い位置にある物体が持つエネルギー）、**弾性力による位置エネルギー**（ばねが蓄えるエネルギー）などがあり、それぞれ、

● 運動エネルギー $= \dfrac{1}{2}mv^2$（m：物体の質量　v：物体の速さ）

● 重力による位置エネルギー $= mgh$（g：重力加速度　h：基準からの物体の高さ）

● 弾性力による位置エネルギー $= \dfrac{1}{2}kx^2$（k：ばね定数　x：ばねの伸び（縮み））

と表される。そして、運動エネルギーと位置エネルギーの和が**力学的エネルギー**である。

また、仕事とエネルギーの間には、「物体が仕事された分だけ運動エネルギーが増加する」という関係があることも重要である。

道具を使うとラクにはなるが、必要な仕事の量は変わらない

04で、クレーン車の仕組みを紹介しました。1本のワイヤーの力を何倍にもして、重いものを持ち上げることができます。

こうした工夫は、工事現場だけでなく、エレベーターや機械の設計など、いろいろな場面で役立ちます。

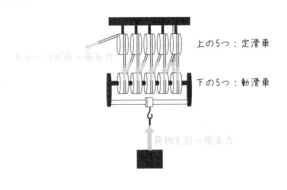

上の5つ：定滑車

下の5つ：動滑車

クレーンが引っ張る力

荷物を引っ張る力

ただし、これには注意が必要です。それは、**道具を使っても必要な仕事を減らすことはできない**ということです。

クレーンが物体を高いところへ持ち上げるとき、ゆっくりと上がっていきます。しかし、ワイヤーを巻いている部分を見るとかなり速く動かしていることがわかります。つまり、ワイヤー自体は速く動いているのに、持ち上がるものは非常にゆっくりになっているのです。

その理由は、クレーン車でたくさんの滑車を使っていることにあります。上図の場合、定滑車と動滑車を5つずつ使い、ワイヤーの力を10倍にしています。10本分の力で物体を引っ張り上げるには、たとえば物体が1m上昇するとき、10本のワイヤーすべてが1mずつ短くなる必要があります。トータルすると10mで、ワイヤーはこれだけ（物体が持ち上がる高さの10倍）動いているのです。

力は10分の1だが、動かす距離は10倍になり、その結果、仕事の量は変わらないことになるわけです。

以上のことを、**仕事の原理**といいます。どんなに優れた道具を使っても、必要な仕事の量を減らすことは決してできない、これは物理の原理なのです。

このことから、ものを持ち上げたり移動させたりすることを考えるときには「仕事」に着目しても意味がないことがわかります。そうではなく、「力」に着目すべきなのです。必要な力であれば、小さくできます（その代わり、力を小さくした分、動かさなければいけない距離は長くなります）。

10 力学的エネルギー保存則

物体のエネルギーの形が変わるときに必要になる考え方が、力学的エネルギー保存則です。ただし、これはいつでも成り立つわけではありません。

☝ Point

物体が非保存力から仕事をされなければ、力学的エネルギーは保存される

力学的エネルギー（運動エネルギーと位置エネルギーの和）が一定に保たれることを**力学的エネルギー保存則**という。

力学的エネルギー保存則は、物体が「非保存力」から仕事をされないときにだけ成り立つ法則であることに注意が必要。

● 保存力 ＝ 位置エネルギーが定義される力（例：重力、ばねの弾性力、静電気力）

● 非保存力 ＝ 位置エネルギーが定義されない力（例：摩擦力、垂直抗力）

力学的エネルギー保存則が成り立つ代表的なパターンは、次の通り。

落下運動(放物運動も)　　　　ばねによる振動　　　　　振り子運動

📖 高さと落下速度の関係

高いところから落下するものは、どんどん速くなっていきます。どのくらい落下するとどのくらいのスピードを得るのかは、力学的エネルギー保存則を使って計算できます。

- 1 m落下したとき：$m \times 9.8 \times 1 = \dfrac{1}{2}mv^2$　より　$v \fallingdotseq 4.4\,\mathrm{m/s}$

- 10 m落下したとき：$m \times 9.8 \times 10 = \dfrac{1}{2}mv^2$　より　$v \fallingdotseq 14\,\mathrm{m/s}$

- 100 m落下したとき：$m \times 9.8 \times 100 = \dfrac{1}{2}mv^2$　より　$v \fallingdotseq 44\,\mathrm{m/s}$

Business 位置エネルギーが大量の電気を生み出す

　力学的エネルギー保存則をうまく利用することで恩恵をもたらしてくれるものもあります。代表的な例が、水力発電です。

　水力発電では、ダムに貯められた水の**「重力による位置エネルギー」**を**「運動エネルギー」に変換**します。位置エネルギーを解放することで、水が激しく動くようになるのです。そして、激しく流れる水は発電機を回転させます。これが、水力発電の仕組みです。

　日本における水力発電への依存度は、1割ほどです。概算ですが、日本の電力会社の発電能力は最大2億kWほどです。これは、1秒間に2,000億ジュール（J）のエネルギーを生み出せる能力になります。

　この1割（200億J）の電気エネルギーを生み出すのが、ダムに貯められた水の位置エネルギーというわけです。それは、どのくらいの量の水なのでしょうか。

　河川法では、高さ15 m以上のものをダムと定義していますが、ここでは簡単にするためダムの高さを100 mとします（実際には、高さ186 mの黒部ダムなど、これより高いものもあります）。

　1 kgの水が100 m落下したときに解放される位置エネルギーは、

　　$1 \times 9.8 \times 100 = 980\,\mathrm{J}$

です。よって、200億Jに相当するのは、

　　200億 $\div$ 980 $\fallingdotseq$ 2000万 kg ＝2万トン

の水になります。発電効率が100％ではないことなども加味すれば、これよりもより多くの水が必要であることがわかります。

　常時これだけの水が発電に使われているわけではありませんが、日本の電力をまかなうためにたくさんの水資源が必要であることが理解できます。

11 運動量と力積

力が加わることで物体の動きが変化するひとつの捉え方が、仕事とエネルギーの関係です。状況によっては、力積と運動量という捉え方のほうが便利なこともあります。

Point

物体は、受けた力積の分だけ運動量が変化する

運動量

物体の運動の激しさを、運動エネルギーとは別に**運動量**という概念で表すことがある。

● 運動量：$p = mv$（m：物体の質量　v：物体の速度）

力積

物体が力を受けると、運動量は変化する。運動量の変化量は、物体が受ける**力積**と等しくなる。

● 力積：$I = Ft$（F：力の大きさ　t：力が加わる時間）

力を受ける時間を長くすれば、衝撃を抑えられる

ものの動きの激しさが「質量」と「速度」の積で表されることは、実感しやすいことだと思います。

ゆっくり走る車より、速く走る車は危険です。もしも何かにぶつかってしまったときに、速度が速いほど衝撃は大きくなります。そして、たとえ同じ速さだとしても、質量が大きいほど勢いがあります。軽自動車とダンプカー、同じ速度でもダンプカーのほうが運動の激しさが大きいことは容易に想像できます。

さて、動きの激しさ（運動量）は一定ではありません。車であれば、アクセルを踏むことで運動量は大きくなりますし、ブレーキを踏めば小さくなります。これらは車に力を加える操作であり、車は**力積を受けた分だけ運動量が変化する**の

です。

　ストローにマッチ棒を入れて吹き出せば、この関係を簡単に確かめられます。マッチ棒をストローの先端付近に入れたときと口の近くに入れたときでは、同じ強さで吹いても口の近くに入れたほうが飛距離が大きくなります。これは、力が加わる時間が長くなってマッチ棒が受ける力積が大きくなると、マッチ棒の運動量の変化（速度の変化）が大きくなるからです。

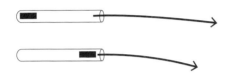

力を受ける時間が長くなるほど、運動量の変化が大きくなる

Business 緩衝材で「力を受ける時間」を長くする

　運動量と力積の関係は、いろいろなところで活用されています。

　壊れやすい荷物を運搬するとき、緩衝材で包むことがあります。緩衝材には普通、柔らかい素材が選ばれます。ぶつかるものが柔らかくても硬くても、物体の運動量の変化量に変わりはありません。

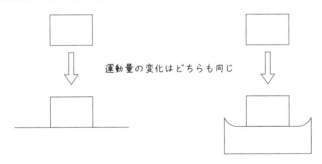

運動量の変化はどちらも同じ

　つまり、受ける力積は同じということです。素材を変えたからといって、力積を変えることはできないのです。

　では、柔らかい素材を使うと何が変わるかというと、**「力を受ける時間」**です。「力を受ける時間」が長くなり、受ける力を小さくできます。

12 運動量保存則

1つの物体だけに着目するとき、力積と運動量の関係が役立ちます。2つ以上の物体全体に着目するときには運動量保存則が役立つことが多くあります。

Point

外力が働かなければ、全体の運動量の和は保存される

たとえば、2物体が衝突するときにはお互いに力を及ぼし合う。そのため、それぞれの運動量は変化する。

しかし、2物体がお互いの間だけで力を及ぼし合い、外から力を受けなければ（受けてもつりあっていれば）、2物体の運動量の和は変化しない。このことを**運動量保存則**という。

運動量保存則が成り立つパターンとしては、次のような例を挙げることができる。

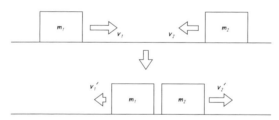

2物体に働く外力（重力と垂直抗力）はつりあっている

● 運動量保存則：$m_1 v_1 - m_2 v_2 = -m_1 v_1' + m_2 v_2'$

📖 運動量保存則を利用して衝撃を抑える

運動量には、「大きさ」だけでなく「向き」があります。たとえば、同じ質量のものが等しい速さで正面衝突し、両方とも止まってしまう状況を考えます。このとき、**2物体の運動量が消えてしまうわけではありません。**もともと2物体の運動量の和が0だったのです。式で表せば、「2物体の運動量の和 = $m_1 v_1 - m_2 v_2$ = 0」になります。

　運動量保存則のこのポイントを押さえることで、現実の課題に応用する幅が広がります。

Business 大砲が遠くまで飛ぶ理由

　戦争で使用される大型武器のひとつに、大砲があります。巨大な弾丸を、敵陣目がけて勢いよく発射します。発射された弾丸は、大きな運動量を得ることになります。

　このとき、もともと「発射装置 + 弾丸」は静止していて、運動量を持っていません。その状態から弾丸に右向きの運動量が生まれるとしたら、同時に発射装置には左向きの運動量が生まれるはずです。このことは、運動量保存則からわかります。

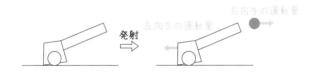

　弾丸は、非常に勢いよく発射されます。つまり、大きな運動量を得るのです。
　このとき、発射装置に生まれる運動量も、その分だけ大きくなります。これは、発射装置の近くにいる人にとって大変危険なことですし、故障の原因ともなりました。
　そこで開発されたのが、無反動砲です。下図の左のように、両側へ向けて弾丸を発射すれば、発射装置に運動量が生まれなくても「運動量の和」は0に保たれます。ただし、これだと自陣へも発射しなければならない状況が生まれてしまいます。それを改善し、下図の右のように弾丸ではなくガスを発射する装置にしています。
　この仕組みは、たとえばピッチングマシンなどに応用可能です。

13 2物体の衝突

2つの物体が衝突を起こしたとき、衝突後の速度は運動量保存則だけでは予測できません。もうひとつ、反発係数という概念が必要になります。

Point

2物体のはね返りの度合いは「反発係数」で表される

ある物体が床にぶつかって下図のようにはね返るとき、ボールと床の間の反発係数は、「$e = \dfrac{v'}{v}$」と表される。

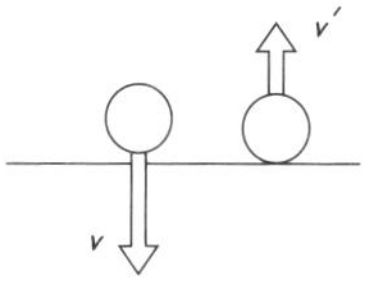

また、運動する2つの物体が下図のように衝突するときには、ボールとボールの間の反発係数は、「$e = \dfrac{v_1' + v_2'}{v_1 + v_2}$」と表される。

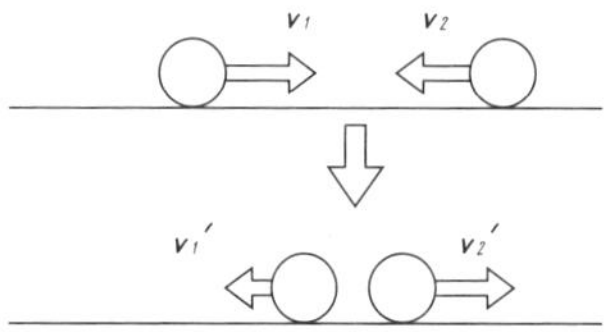

衝突後の速度を「運動量保存則」と「反発係数」から導出する

球技の試合で使われるボールには、種目ごとに基準があります。大きさや重さはもちろんですが、弾み具合も基準に合わせて製造されています。

たとえば、日本のプロ野球の公式戦で使われるボールは、固定した鉄板との間の反発係数が0.4134となることを目標として製造されているそうです。衝突前後の速度をセンサーを使って測定し、規定の範囲内であるか確認しています。

実は、速度を測るセンサーがなくても反発係数は簡単に求められます。次ページの図のように、床の上のある高さでボールを静かに離します。そして、衝突後

に達する最高点の高さを測定します。

　このとき、衝突直前の速さをv_1、衝突直後の速さをv_2とすると、09で登場した式を使って、

- 最初の高さ$h_1 = \dfrac{v_1{}^2}{2g}$（$g$：重力加速度）

- 衝突後の最高点の高さ$h_2 = \dfrac{v_2{}^2}{2g}$

と求められることから、

- ボールと床の間の反発係数$e = \dfrac{v_2}{v_1} = \sqrt{\dfrac{h_2}{h_1}}$

と、h_1とh_2から反発係数を求めることができます。

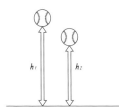

　さて、物体どうしが衝突を起こす状況で、衝突後の速度を求める必要があるとします。その場合は、「運動量保存則」をあわせて利用する必要があります。

　次のように2球の衝突直後のそれぞれの速度は、

衝突後に、

となると仮定して、

- 運動量保存則：$m_1 v_1 - m_2 v_2 = -m_1 v_1{}' + m_2 v_2{}'$

- ボールとボールの間の反発係数$e = \dfrac{v_1{}' + v_2{}'}{v_1 + v_2}$

と立式し、2式を連立して解くことで求められます。

14 円運動

物体がグルグル回る「円運動」をするためには、どのような力が必要でしょうか。
意外なことに、円の中心に向かって力が働けば、物体は円運動を続けます。

 Point

等速円運動する物体には、円の中心向きに加速度が生じている

物体が等速円運動（一定の速さでの円運動）をしているとき、次のような
加速度が生じている。

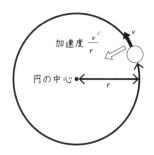

07で示した通り、物体に加速度が生じるためには、その向きに力が働く
必要がある。つまり、等速円運動する物体に働く力は中心向きである。

そのため**向心力**と呼ばれ、その大きさは、

● 向心力：$F = m\dfrac{v^2}{r}$（m：物体の質量）

と表される。

📖 周期と回転数は逆数の関係にある

ハンマー投げでは、ワイヤーの先に砲丸をつけて勢いよく回します。強く引っ
張らないと回り続けません。向心力が足りなくなってしまうからです。

遊園地にある乗り物など、円運動させる仕組みはいろいろなところで利用され
ています。その際、必要なのは円の中心向きに力を与えることです。

現実には、物体には重力も働くので、次ページの図のように引っ張る力と重力

の合力が、円軌道の中心向きになればよいわけです。

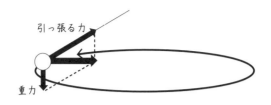

引っ張る力

重力

　車や機械にはたくさんの歯車が組み込まれています。それらの回転の速さは、普通「回転数」で表されます。単位時間当たりに何回転するか、ということです。

　物体が1回の円運動を行うとき、円周$2\pi r$だけ移動します。それにかかる時間は$\dfrac{2\pi r}{v}$となります。これを、円運動の**周期**といいます。

　たとえば、周期が0.1秒だとしましょう。0.1秒で1周するということです。そのとき、1秒ではその10倍、つまり10周することになります。こちらは、回転数に相当します。

　以上のことから、「周期」と「回転数」は、次のように逆数の関係にあることがわかります。

$$周期 = \frac{1}{回転数}$$

「周期」と「回転数」のいずれか一方が求められれば、即座にもう一方も求められるわけです。身近なところに、回転するものはたくさん存在します。代表例はモーターで、モーターなしに電化製品は動きません。そして、モーターと連結して回転するものもたくさんあります。したがって、この関係はたとえば機械を設計するときなど、いろいろな場面で役立つのです。

15 慣性力（遠心力）

物体がグルグル回るのは、静止した視点からの見え方です。物体と一緒に回っている人の視点では、物体は止まって見えます。この視点では、特別な力が登場します。

Point

遠心力は、円運動している人の視点にだけ登場する

等速円運動する物体と一緒に円運動する視点には、**遠心力**が働いて見える。

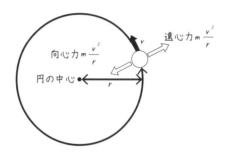

この視点からは、（円運動する）物体は静止して見える。それは、向心力と遠心力がつりあっているからである。

ここで、遠心力は一緒に円運動する視点にしか見えない（傍から眺めている人には見えない）ことに注意が必要である。

遠心力は、慣性力といわれる力の一種である。「加速度運動するものに乗った視点にだけ見える（感じられる）力」が慣性力であり、向きと大きさは次のようになる。

慣性力を測れば加速度の大きさがわかる

最近は、スマートフォンでも簡単に加速度計を利用できるようになりました。

加速度計で測定するのは**慣性力**です。慣性力は加速度に比例しますから、慣性力を測れば加速度の大きさがわかる仕組みになっています。

車のシートベルトでは、急ブレーキを踏むとロックがかかります。これも、慣性力を利用したものです。急ブレーキをかけると後方に加速度が生じるので、慣性力は前方に向かって働きます。そして、慣性力によってロックがかかる仕組みになっているのです。

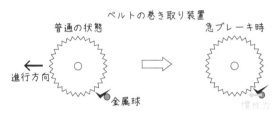

ベルトの巻き取り装置

普通の状態　　　　　　　　急ブレーキ時

進行方向

金属球　　　　　　　　　　慣性力

金属球が慣性力によって前方に
押し出され、歯車がロックされる

加速や減速を繰り返すエレベーターの中でも、慣性力が生まれます。エレベーターが上向きに加速するときは、身体が重くなったように感じます。

逆に、下向きに加速するときには身体が軽くなって感じられます。これは、下図のように慣性力によって感じられる重力が大きくなったり小さくなったりするためです。

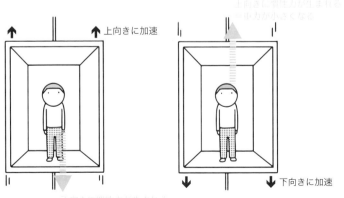

上向きに加速

上向きに慣性力が生まれる
=重力が小さくなる

下向きに加速

下向きに慣性力が生まれる
=重力が大きくなる

16 単振動

ばねにつながれた物体は「単振動」をします。単振動は、等速円運動をベースにして理解できます。

Point

単振動は等速円運動の正射影

等速円運動する物体に一方向から光を当て、スクリーンに影を映す。この影の動きを**正射影**といい、等速円運動の正射影は単振動となる。

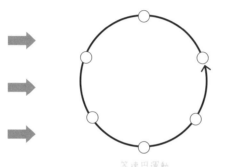
等速円運動

単振動

単振動する物体の時刻 $t = 0$ の位置が0のとき、時刻 t における物体の位置 x は、「$x = A \sin \omega t$（A：振幅　ω：角振動数）」と表すことができる。

単振動する物体の速度

物体の速度は位置 x を時間 t で微分すれば得られるので、単振動する物体の速度 v は、「$v = \dfrac{dx}{dt} = A\omega \cos \omega t$」と表すことができる。

単振動する物体の加速度

速度 v を時間 t で微分すれば加速度 a が得られるので、単振動する物体の加速度 a は、「$a = \dfrac{dv}{dt} = -A\omega^2 \sin \omega t$」と表すことができる。

ばねの強さが周期を決める

　ばねによる単振動がハッキリ見られる場面は少ないかもしれませんが、何かに隠れて働いていることは多くあります。

　たとえば、車のタイヤにはサスペンションと呼ばれるばねがついています。デコボコ道を走るときに少しでも車体の揺れを減らせるよう、ばねが揺れのエネルギーを吸収してくれるのです。

　このとき重要なのは**振動の周期**です。「1回振動するのにかかる時間」が「周期」であり、これは振動する物体の質量とばねの強さ（ばね定数）によって決まります。

ばね定数 k

質量 m

　1回の振動は、角度 2π（rad）だけ回転するのに相当します。そして、1 s当たり何rad分振動するかを表すのが角振動数 ω（rad/s）です。

　ここから、周期 T（s）は、「$T = \dfrac{2\pi}{\omega}$」と求められることがわかります。

　そして、単振動する物体についての運動方程式は「$ma = F$」と表せますが、加速度 a は「$a = -A\omega^2 \sin \omega t = -\omega^2 x$」と表せることと、物体が受ける力 F は「$F = -kx$」と表せることから、「$-m\omega^2 x = -kx$」より、「$\omega = \sqrt{\dfrac{k}{m}}$」と求められます。よって、周期 T（s）は、

$$T = \frac{2\pi}{\omega} = 2\pi\sqrt{\frac{m}{k}}$$

と求められるのです。

　物体の質量と物体につなぐばねの強さを調節することで、振動の周期を好きな値に設定できることがわかります。ばねを利用しているものは世の中に山ほどありますから、そういったいろいろなものの設計において、「$T = 2\pi\sqrt{\dfrac{m}{k}}$」という式が重要となるのです。

17 単振り子

振り子の運動は、振幅が小さければ単振動と同じ運動として考えられます。単振動と同様、利用の鍵を握るのは周期です。

Point

単振り子の周期は、物体の質量には無関係に決まる

単振り子

糸に重りをつけて振動させたときの運動を**単振り子**という。

振幅が小さければ単振動とみなすことができるよ

単振り子は、振幅が小さければ近似的に直線上での往復運動をみなせる。つまり、単振動とみなして考えられる。

単振り子の周期

$$T = 2\pi\sqrt{\frac{L}{g}} \quad (L：振り子の長さ \quad g：重力加速度)$$

この式は、単振り子の周期が振り子の長さと重力加速度の大きさだけで決まることを示す。

そして、重要なのは物体の質量mに無関係であることである。これは、質量が大きいほど動きにくくなるが、質量が大きければ働く重力が大きくなるという効果もあり、両者が相殺されるためである。

長さだけで単振り子の周期を調節できる

単振り子の周期は、振り子の長さと重力加速度の大きさによって決まります。ただし、重力加速度の大きさは地球上のどの点でもほぼ同じ値になります。したがって、実質的には**振り子の長さ**によって周期が決まります（重力加速度の場所

による違いを測定するひとつの方法として、同じ長さの振り子の周期を測定して比べる方法はありますが……)。

　子どもの遊具であるブランコは、どこでも同じくらいの長さに設計されています。長ささえ決めれば、ちょうど心地よい周期で遊べるからです。逆にいえば、どんなに頑張ってブランコをこいでも周期を変えることはできません。唯一、周期を短くできる方法は立ちこぎです。立つことで重心が振り子の支点に近くなるからです。これは、振り子の長さが短くなることに相当します。

Business 高いビルが風や地震によって揺れている理由

　目に見えるほどではないにしろ、高いビルは風や地震によって揺れます。揺れがあまりに激しくなればビルは崩壊してしまいますが、もちろんそうしたことがないように設計されています。

　ビルは高さによって**振動の周期が変わります**。高いほど、周期が長くなります。そのような場合、周期の長い地震がやってきたときほど大きく揺れることになります。このような現象を**共振**といいます。

　かつて、アメリカ東部の川岸に新築された高層ビルが、風に吹かれて大きく揺れたことがありました。風との共振です。これは風による揺れの周期を考慮しなかった設計ミスです。しかし、これを壊して立て直すことは容易ではありません。どのように解決したのでしょうか。

　このときには、次のようにより低いビルとつなげることで解決したそうです。低いビルと一体となることで重心が低くなり、周期が短くなったのです。設計においては、こうしたことも考慮する必要があるのです。

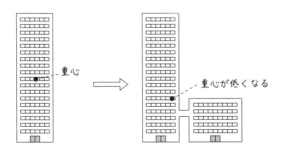

18 ケプラーの3法則

太陽の周りを回る天体の運動には規則性があります。「ケプラーの3法則」としてまとめられています。

Point

惑星は太陽から離れるほどゆっくり動くようになる

ケプラーは、惑星が次の3法則を満たしながら運動していることを発見した。

● 第1法則：惑星は、太陽を1つの焦点とする楕円軌道を描いている

太陽系の惑星は、完全な円軌道を描いて運動するわけではない。少し歪んだ楕円軌道を運動している。地球の場合、太陽に最も近いときと遠いときで、太陽からの距離は500万kmほど変わる。

● 第2法則：惑星の面積速度は一定に保たれる

下図のように、太陽と惑星を結ぶ線分が単位時間に描く面積を**面積速度**という。これが一定なことは、惑星が太陽から離れたときほどゆっくり動くようになることを示している。

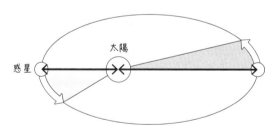

● 第3法則：惑星の公転周期 T の2乗と楕円軌道の半長軸 a（長軸の長さの半分）の3乗との比は、すべての惑星について等しい

これを式で表すと「$\dfrac{T^2}{a^3} = $ 一定」となり、周期の単位を「年」、半長軸の単位を「天文単位」（地球の半長軸が1天文単位）とすると、地球の場合に「$\dfrac{T^2}{a^3} = 1$」となることから、一定の値は1であることがわかる。

ケプラーの第3法則から、狙いの星を次に観測できる時期がわかる

　惑星が、楕円軌道を描きながら太陽に最も近づく位置を**近日点**といいます。逆に、最も遠ざかる場所は**遠日点**です。

　地球の場合、近日点では北半球は冬です。ちょうど冬至のタイミングに当たります。逆に、遠日点で北半球は夏至となります。

　太陽に近いときほど、地球の公転速度は大きくなります。つまり、日本が冬の間のほうが速く公転するのです。

　このことは、秋分の日から春分の日の日数（冬の間）のほうが、春分の日から秋分の日までの日数（夏の間）よりも短いことから確認できます。意外に気づいている人が少ない事実ですが、その理由は地球の公転速度が一定ではないことにあるのです。

　ケプラーの3法則を満たすのは惑星だけではありません。小惑星や彗星といった天体も、この法則に従って運動しています。

　彗星は、太陽からかなり遠いところにいる期間が長い天体で、主に氷でできています。そして、太陽に近づいたときにだけ徐々に氷が溶けます。すなわち、彗星は、極端な楕円軌道を描いているのです。

彗星の軌道

太陽

　ハレー彗星は、1986年に地球から観測されました。つまり、太陽の近くまでやってきたわけです。ハレー彗星の半長軸はおよそ17.8天文単位であることがわかっています。ここから、「$\dfrac{T^2}{17.8^3} = 1$」のように第3法則を用い、ハレー彗星の周期を「$T \fallingdotseq 75$年」と求めることができるのです。

　このように、ケプラーの第3法則を使うことで、2061年に再び地球上からハレー彗星を観測できる、と予想できるのです。

19 万有引力のもとでの運動

どんな物体の間にも引力が働きます。これを万有引力といい、天体の運動を支配しているのも万有引力です。

👆 Point

万有引力のエネルギーは、物体が近づくほど小さくなる

質量を持つ物体間には、次のように表される万有引力が働く。

$$F = G\frac{Mm}{r^2} \quad (G：万有引力定数　r：物体間の距離　M、m：各物体の質量)$$

天体の間の万有引力によって、天体の運動は決まる。

太陽系の場合、太陽の質量が圧倒的に大きいため、天体が受けるのは太陽からの万有引力がほぼすべてである。これが向心力となって、天体は円運動（正確には楕円運動）すると理解できる。

万有引力による位置エネルギー

万有引力が働くことで、エネルギーが生まれる。これを**万有引力による位置エネルギー**といい、次の式で表される。

$$U = -G\frac{Mm}{r}$$

万有引力による位置エネルギーは、無限遠を基準とするのが普通である。その場合、位置エネルギーの値は負になることに注意が必要である。

人工衛星や宇宙探査機に必要な速度を求める

気象衛星、通信衛星、GPS衛星、地球観測衛星など、さまざまな目的でたくさんの人工衛星が地球の周りを回っています。長期間にわたって運行を続けているわけですが、**常に燃料を消費するわけではありません**。人工衛星は、基本的には地球からの万有引力だけで運動しています。万有引力が向心力となり、円運動をするのです。したがって、燃料を消費するのは、人工衛星の軌道がずれて修正が必要なときだけです。だから、人工衛星はとても省エネなのです。

もちろん、人工衛星に速度があるからこそ円運動を続けられるわけです。もしも速度がなければ、重力によって落下してしまいます。では、どのくらいの速度であれば、ちょうど地球の周りを回り続けられるのでしょうか。

これは、地表からの距離によって変わります。ここでは、地表付近を回ると想定しましょう。「地表付近を回っている人工衛星なんかない」と思われるかもしれません。しかし、たとえばISS（国際宇宙ステーション）は、上空400 kmのところを周回しています。地球の半径約6,400 kmの16分の1です。"宇宙"ステーションとはいっても、遠く離れた視点からは地表すれすれを回っているように見えるのです。

このとき、人工衛星についての運動方程式は「$m\dfrac{v^2}{r} = G\dfrac{Mm}{r^2}$」と表せ、これを解くと「$v = \sqrt{\dfrac{GM}{r}}$」と求められます。ここへ各値を入れると、約7.9 km/sとなります（「第1宇宙速度」と呼ばれます）。

地表近くを回っている人工衛星は、これだけの猛スピードで移動することがわかります。そして、これだけの初速を与えれば、万有引力によって円運動を続けることもわかるのです。

人工衛星の速度がこれより大きくなれば、円軌道にとどまりません。人工衛星は楕円運動をするようになります。

20 温度と熱

日常的には、たとえば身体の温度が高くなることを「熱がある」などといい、「熱」と「温度」は同じような意味合いで使われますが、物理では違うものを示します。

> **Point**
>
> ## 粒子1つに着目したのが「温度」、全体に着目したのが「熱」
>
> ### 温度
>
> 物質を構成する原子・分子などの粒子は、静止しているのではなくランダムに動いている。これを**熱運動**といい、このために粒子は運動エネルギーを持っている。
>
> 粒子の持つ運動エネルギーは、
>
> $$\frac{1}{2}mv^2 = \frac{3}{2}kT \quad (k：ボルツマン定数 \quad T：物質の絶対温度)$$
>
> と表される。
>
> この関係から、「原子（分子）1つの持つ運動エネルギー」のことを**温度**と呼ぶことが理解できる。
>
> なお、温度としては日常的な温度（セ氏温度：単位は「℃」）ではなく絶対温度（単位は「K」）を用いる。両者の関係は「絶対温度 ＝ セ氏温度 ＋ 273」となっている。
>
> ### 熱
>
> 物質を構成する原子（分子）全体が持つエネルギーを**熱**という。
>
> 単原子分子理想気体の場合、原子（分子）全体が持つエネルギー（内部エネルギーという）は、
>
> $$内部エネルギー U = \frac{3}{2}nRT \quad (n：気体の物質量（mol） \quad R：気体定数)$$
>
> と表される。

熱の正体を突き止めた歴史

　熱の正体が「**エネルギー**」であることを発見したのは、イギリスのジュールです。1840年代のことです（1840年代には他にも、マイヤー（ドイツ）がエネルギーがいろいろな形に変換されることを予測した論文を発表したり、ヘルムホルツ（ドイツ）が熱力学第1法則を導き出したりしています）。そのため、熱力学にとって奇跡の年代といわれています）。

　実は、熱がエネルギーの一種であることがわかるまでは、熱は「熱素」という元素の一種であると思われていました。たとえば、熱いお湯には熱素がたくさん含まれていて、冷たい水には熱素が少ししか含まれていない、という感じです。

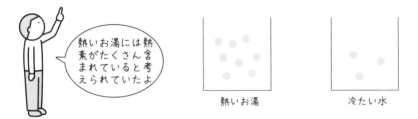

熱いお湯には熱素がたくさん含まれていると考えられていたよ

熱いお湯　　　　　　冷たい水

　ちなみに、日本語では「熱素」といいますが、元の言葉は「カロリック」です。現在も使っている単位「cal（カロリー）」の語源でもあります。

　しかし、この熱素説は徐々に疑問が持たれるようになりました。疑問を持つようになった一人が、ランフォード（アメリカ生まれ、イギリス・ドイツで活躍）です。

　彼は、大砲の砲身くりぬき作業の指揮をとっていました。砲身を回転させて削る作業には馬の力を利用していましたが、そのときに熱が発生していることに気づいたのです。そこで、摩擦熱が生じる部分の周りに水槽を作って観察してみると、2時間半くりぬき作業を続けると水が沸騰するのを観察できました。

　このとき、カロリックが無限に放出されるとは考えにくく、むしろ熱とは原子・分子の無秩序な運動（熱運動）である、と考えるほうが自然であると気づいたのです。1798年のことです。

　この考え方は、1827年にブラウン運動が発見されたことで、信憑性の高いものとなっていきました。

21 熱の移動

熱いものと冷たいものを接触させると、両者の温度が徐々に近づいていきます。これは、熱いものから冷たいものへ熱が移動しているからです。

Point
熱量は保存される

熱の移動

高温の物体と低温の物体を接触させておくと、やがて両者の温度は等しくなる。これは、高温の物体から低温の物体へと熱が移動するからである。

このとき、「**高温の物体が放出する熱量 = 低温の物体が受け取る熱量**」という関係が成り立つ。

熱量

物体が放出したり受け取ったりする熱量 Q は、

$$Q = mc\Delta T \quad (m：物体の質量 \quad c：物体の比熱 \quad \Delta T：物体の温度変化)$$

と表される。

ここで、**比熱**とは「その物体 $1\,\mathrm{g}$ の温度を $1\,℃$ 上昇させるのに必要な熱量」のことである。

📖 熱を伝えにくいものをはさんで断熱効果アップ

寒冷地においては、建物の断熱性を高めることが特に重要視されます。Pointで述べた通り、時間が経過すれば接触する2物体の温度は等しくなります。ただし、家の中と外がすぐに同じ温度になるわけではありません。そんなに簡単に熱が伝わるわけではないからです。

家の中から外へ熱が逃げるのをゆっくりにするには、**熱伝導率**という熱の伝えやすさを表す指標が低いものを使うのが有効です。次ページの表は各物質の熱伝導率ですが、熱伝導率が非常に低いのは、空気です。たとえば、断熱性を高める

ために二重窓ガラスがよく使われます。2枚のガラスの間に熱を伝えにくい空気をはさんでいるのです。

物　質	熱伝導率
銅	403
アルミニウム	236
ステンレス	16.7〜20.9
ガラス	0.55〜0.75
木材	0.15〜0.25
ポリスチレン	0.10〜0.14
空気	0.0241

さらに、熱が伝わってきたときの温度変化の仕方も、ものの種類によって違います。たとえば、天気がよい日に海に出掛けると砂浜はとても熱くなっています。けれども、海水は熱くありません。

その原因は、砂浜と海水の**比熱の違い**にあります。「比熱」とは、その物体1gの温度を1℃上昇させるのに必要な熱量のことです。砂の比熱は水に比べるととても小さく、すぐに温度が上がって熱くなるのです。

そして、日中は熱い砂浜ですが、比熱が小さいため夜になるとすぐに冷えます。ところが、比熱が大きい海水は夜になってもほとんど温度が変わらず、ある程度の温かさを保っています。

このような砂浜と海水の温度変化の違いがわかると、海岸沿いで吹く風についても理解できます。昼間は、温度が高い砂浜に温められて上昇気流が生じます。そのため、冷たい海水のほうから陸へ向かって風が吹き込みます。この風には、暑さを和らげる効果があります。

逆に、夜間は砂浜が冷えているので下降気流が生じます。そのため、陸から海へ向かって風が吹き、寒さを和らげてくれます。

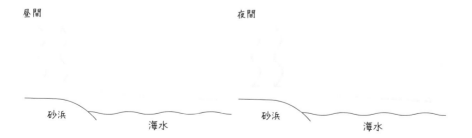

このように昼と夜とで風向きが変わるのですが、その切り替わりのタイミングは無風状態となります。これが「凪」です。

教養 ★★★★　実用 ★★★★★　受験 ★★★

22 熱膨張

ものが熱くなるということは、構成粒子の熱運動が激しくなることを意味します。粒子が激しく動くことで、物体全体の体積が大きくなります。

Point

物体がどんな状態でも、温度が上がると膨張する

固体の温度が上がると、体積が大きくなる。これを**熱膨張**という。

液体も、温度が上がると膨張する。ただし、水の場合は0℃から4℃までは、温度が上昇するにつれて収縮する。そして、4℃を超えて温度が上がると膨張する。

また、気体も温度が上がると膨張する。体積変化が最も激しいのは気体で、圧力が一定のとき温度が2倍になると体積も2倍になる（次節参照）。

熱膨張を利用してスイッチを作る

電車が走る線路は、切れ目なくずっとつながっていると思われている方も多いと思います。しかし、普通1本25mのレールでできていて、これが継ぎ目でつながれています（電車が走るときの「ガタンゴトン」という音は、継ぎ目を通るときの音です）。

わざわざ継ぎ目を作る理由は、**レールが温度によって伸縮するからです**。線路は、温度が高くなるほど膨張します。もしも継ぎ目のない1本の長いレールでできていたら、夏の気温の高いときには膨張して歪んでしまいます。これでは危険なので、下のような継ぎ目を作っているのです。これならばレールが膨張しても、継ぎ目があれば大きく歪まないのがわかると思います。

ちなみに、新幹線で「ガタンゴトン」という音がほとんどしないのは、継ぎ目

レールの継ぎ目　　　　　　　　　　　　気温が上昇したとき

の形を工夫しているからです。

　また、青函トンネル内では52.6 kmという長い距離の間に1箇所も継ぎ目があ
りません（世界一の長さ）。青函トンネルの中は、年間を通じて温度や湿度の変化
がほとんどなく、熱膨張の心配が不要だからです。

バイメタルスイッチの仕組み

　熱膨張は線路以外にも関係します。バイメタル式スイッチはその代表例です。
「バイ」は「2つ」という意味で、異なる2種類の金属を重ねたものが「バイメタ
ル」です。

　金属の熱膨張の度合いは、金属の種類によって違います。仮に、金属Aのほう
が金属Bより熱膨張の度合いが大きいとします。すると、温度が上がったときに
は下図の下のように湾曲します。

バイメタル

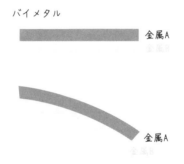

　バイメタルをスイッチに利用すると、自動的に「温度が上がればオフに、温度
が下がればオンになる」スイッチが実現できます。

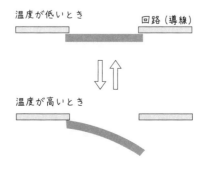

23 ボイル・シャルルの法則

固体や液体に比べて、気体は体積や圧力などの値が変化しやすい状態です。ここでは、気体の状態変化の仕方を考えます。

> **Point**
>
> **ボイルの法則とシャルルの法則は、1つにまとめると使いやすい**
>
> **ボイルの法則**
>
> 気体の温度が一定のとき、$pV = $ 一定　　（p：気体の圧力　V：気体の体積）
>
> **シャルルの法則**
>
> 気体の圧力が一定のとき、$\dfrac{V}{T} = $ 一定　　（T：気体の絶対温度）
>
> 2つは別々に発見された法則だが、次のように1つにまとめると使いやすい。
>
> $$\frac{pV}{T} = 一定$$
>
> このように1つにまとめたものは**ボイル・シャルルの法則**と呼ばれる。

📖 気圧の低下に応じた体積変化を予測できる

つぶれてしまったピンポン球をお湯につけると、元の形に戻ることがあります。これは、ピンポン球の中の気体の温度が上がることで、体積が増加するからです。

このように、ボイル・シャルルの法則は日常の現象と結びつけて理解できます。

たとえば、気温が一定のまま空気の圧力が $\dfrac{9}{10}$ 倍になったとします。そのとき、空気の体積は $\dfrac{10}{9}$ 倍に膨張します。このように、この法則を使えば具体的にどれだけ状態が変化するかも求められます。

飛行機に乗ると耳が痛くなる理由

このことは、特に気圧変化が激しく起こるものの設計に必要となります。たとえば、飛行機に乗ると耳が痛くなることがあります。これは、特に離陸時に上昇していくときに起こりやすくなります。

その理由は、飛行機が上昇するにつれて**周囲の気圧が低くなること**にあります。気体の圧力が下がり、それに反比例して体積が増加するのです。耳の中にも空気が入っていますから、それが膨張して耳の痛みの原因となってしまうのです。

飛行機が飛ぶ上空10kmの辺りは、気圧が地上の4分の1程度と大変低くなっています。そのままの気圧では人は耐えられませんから、加圧して調整しています。それでも、機内の圧力は地上のおよそ0.8倍に下がってしまいます。圧力が低下するため空気の膨張は避けられないのです。

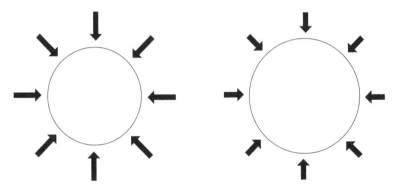

気圧が下がると空気は膨張する

高層ビルのエレベーターに乗って一気に上昇するときにも、そうした経験をすることがありますが、理由は同じです。急上昇で気圧が低くなり、耳の中の空気が膨張して痛くなるのです。

ハイスピードで移動できるエレベーターも開発されていますが、それに乗ることで人体にはいろいろな負担がかかることがわかります。どの程度までの負担なら問題ないか、ということも計算しながら、エレベーターの設計は行われています。そうすることで人々が安心して乗ることができるエレベーターとなっているのです。

24 気体分子運動論

目に見えない小さな気体分子1つひとつの運動の様子を考えることで、気体全体が持つエネルギーを簡潔な式で表せるようになります。

> **Point**
>
> ## 分子1つひとつが衝突する勢いの和が、気体の圧力となる

運動量の変化

まずは1つの気体分子に着目して考える。気体分子が下図のように壁にぶつかるとき、「**気体分子の運動量の変化 $2mv_x$ = 気体分子が壁から受ける力積**」という関係が成り立つ。

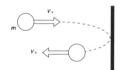

力積

「気体分子が壁から受ける力積」と「壁が気体分子から受ける力積」は大きさが等しいことから、「**気体分子が1回衝突したときに壁が受ける力積 $= 2mv_x$**」となることがわかる。

次に、気体分子が壁に衝突する回数を考える。気体分子は、容器の両端を往復するごとに、1つの壁に1回衝突する。

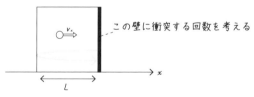

つまり、距離 $2L$ 進むごとに1回衝突するということである。

気体分子が単位時間に進む距離は v_x なので、単位時間に衝突する回数は $\dfrac{v_x}{2L}$ である。

気体全体のエネルギーを求める

Pointで述べた議論は、次のように続けられます。

「力積」＝「力 ×（力を受ける）時間」であることから、「単位時間に受ける力積」＝「受ける力」であることがわかるので、Pointの考察をもとに整理すると、

壁が1個の分子から受ける力

＝ 壁が1個の分子から単位時間に受ける力積

＝ 1回の衝突で受ける力積 × 単位時間の衝突回数

$$= 2mv_x \times \frac{v_x}{2L}$$
$$= \frac{mv_x{}^2}{L}$$

と求められます。

ここで、「$v_x{}^2 = \frac{1}{3}v^2$」であることから、「壁が1個の分子から受ける力 $= \frac{mv^2}{3L}$」です。

よって、壁がN個の気体分子から受ける力の大きさは「$F = \frac{Nmv^2}{3L}$」であり、気体から受ける圧力は、

$$p = \frac{F}{L^2} = \frac{Nmv^2}{3L^3} = \frac{Nmv^2}{3V} \quad (V：気体の体積)$$

となります。これを変形すると、

気体全体の運動エネルギー $= \frac{1}{2}mv^2 \times N = \frac{3}{2}pV$

と求められます。

以上のように、**気体分子1個の運動を考えることで、気体全体のエネルギーを求めることができる**のです。熱力学ではミクロな視点がとても大切なことがよくわかります。

25 熱力学第1法則

気体の温度・体積・圧力などの状態量が変化するときには、外部との熱のやり取りや仕事のやり取りが伴います。

> **Point**
>
> ## 気体の内部エネルギーを増やせるのは、熱と仕事だけである
>
> **熱力学第1法則**
>
> $\Delta U = Q + W$（ΔU：内部エネルギーの増加　Q：吸収した熱　W：された仕事）
>
> 上記から、次のことがわかる。
>
> - 気体が外部から熱量Qを与えられると、その分だけ気体の内部エネルギーが増加する
> - 気体が外部へ熱量Qをすれば、その分だけ気体の内部エネルギーは減少する
> - 気体が外部から仕事Wをされれば、それだけ気体の内部エネルギーが増加する
> - 気体が外部に対して仕事Wをすれば、それだけ気体の内部エネルギーは減少する

📖 断熱状態では、膨張すれば温度が下がり圧縮されれば温度が上がる

　気体の内部エネルギーは、**気体の絶対温度に比例**します。内部エネルギーが増加するということは、気体の温度が上昇することになるのです。

　気体が熱を受け取ることで温度上昇するのは容易に想像できます。しかし、仕事をされて温度が上がるのは想像しにくいかもしれません。物理では「力を加えて何かを動かす」ことを「**仕事**」といいます。つまり、気体が仕事されるというのは、実際には「圧縮される」ことを意味するのです。

　次ページに挙げた圧縮発火器という実験器具があります。中に小さくちぎった

紙を入れてから勢いよく圧縮すると、発火して紙は燃えてしまいます。押し込む仕事によって、温度が500℃くらいに上昇するのです。

Business　エンジンの中で起こっていること

　気体が断熱された状態で圧縮される現象は、実は身近なところで起こっています。直接目にはしませんが、エンジンの中ではこれが起こっています。

　特に、ディーゼルエンジンでは断熱圧縮による空気の温度上昇が役立っています。ディーゼルエンジンで燃やすのは、ガソリンではなく軽油（ディーゼル）です。ガソリンエンジンでは、空気と混合したガソリンに火花を飛ばして点火して燃やします。それに対して、ディーゼルエンジンの場合は点火プラグがありません。

　軽油は、ガソリンに比べて自然発火しやすい性質があります。そのため、火花を飛ばさなくても高温にしてやれば自然と燃えるのです。そこで、ディーゼルエンジンでは空気が圧縮されて高温になったタイミングで軽油を噴射します。すると、軽油が高温になり発火するのです。

　これとは逆に、断熱状態で空気が膨張すれば温度が下がります。こうしたことも身近なところでたくさん起こっています。

　気温が上がって空気が暖められたときには、空気は膨張します。膨張した空気の密度は小さくなります。密度が小さくなった空気は、上昇します。上昇気流の発生です。

　空気が上昇して高度が上がると、周囲の気圧が下がっていきます。そのため、空気はさらに膨張しながら上昇を続けることになるのです。このとき、空気の温度は下がり続けます。

　空気が冷たくなると、やがて水滴が出現します。これはもともと空気中に含まれていた水蒸気が液体に変わったものです。気温が下がると空気中に含むことができる水蒸気の量（飽和水蒸気量）が減るため、水滴になるのです。これが、雲の誕生です。雲は、空気の断熱膨張によって作られるのです。

小さい
氷晶

上昇気流

大きい氷晶は落下し、
雨となる

26 熱機関と熱効率

車のエンジンなど、熱を利用して仕事を取り出す装置では、その効率が問題となります。資源の有効活用のためにも、いかに効率をアップするかが重要となります。

Point

熱効率は、吸収する熱量と放出する熱量で決まる

　熱を受け取って仕事に変える装置を**熱機関**という。ただし、受け取った熱を100％すべて仕事に変えることは不可能である。たとえば、100の熱を受け取り、そのうち30を仕事に変えることにする。このとき、残りの70は廃熱として捨てられる。

　この場合、熱機関の熱効率は、

$$e = \frac{W}{Q_1} = \frac{Q_1 - Q_2}{Q_1}$$

と表すことができる。

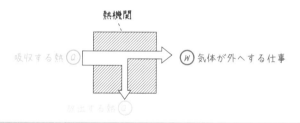

熱機関

吸収する熱 Q_1 　 W 気体が外へする仕事

放出する熱 Q_2

廃熱を活用してトータルの熱効率をアップする

　日本の発電は、火力発電に大きく依存しています。天然ガス、石炭、石油といった化石燃料を燃やし、発生する熱によってタービンを回して発電します。火力発電所の蒸気タービンの熱効率はよくても0.5程度です。つまり、発生した熱の半分は廃熱となってしまっているのです。

　自動車のガソリンエンジンの熱効率はもっと低く、0.32以下です。

　このように、熱機関ではどうしてもエネルギーを無駄にしてしまうのです。

　そこで、最近は**廃熱を活用する研究**が進んでいます。たとえば、発電所に隣接

した温泉や温水プールが作られています。発電所からの廃熱を利用して温水を作れれば、無駄になっていたエネルギーを有効に使えます。

　また、低温でも発電が可能なスターリングエンジンが、近年注目を浴びています。スターリングエンジンは、1816年、スコットランドの牧師であり発明家でもあったスターリングによって発明されました。当時は蒸気機関が主流でしたが、高圧のボイラーでは爆発事故が頻発したため、スターリングエンジンは安全な熱機関として注目されていました。

　しかし、高出力のガソリンエンジンやディーゼルエンジンが発明されると、出力の小さいスターリングエンジンが利用されることはほとんどなくなりました。約200年間活躍してこなかったスターリングエンジンですが、実は300℃程度で発電機を回すことができるという利点を持っています。

　火力発電で蒸気タービンを回すときには、蒸気の温度を600℃ほどにする必要があります。これに比べて、スターリングエンジンがかなり低温で発電できることがわかります。

　低温で発電できるスターリングエンジンなら、工場や船などの廃熱を使って発電することも可能です。そこで、今までは捨てるだけだった熱を使って小規模な発電を行おう、という試みが広がっています。

　スターリングエンジンは、次のような構造をしています。

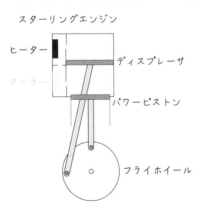

シリンダーの中には、高圧のガスが封入されています。分子サイズが小さく熱を伝えやすいヘリウムガスが最も多く利用されます。シリンダー内をディスプレーサで仕切り、片方はヒーターで加熱、もう片方はクーラーで冷却できるよう

になっています。同じ場所で加熱と冷却を切り換えることにより、こちらのほう
が効率がよくなります。

　そして、スターリングエンジンが動く仕組みです。ディスプレーサを下向きに
動かしたとします。すると、冷却側から加熱側へガスが移動します。

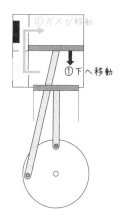

　ガスの移動によって、高温のガスが多くなります。気体は温度が上がると圧力
も大きくなるので、シリンダー内部のガス全体の圧力が大きくなります。この圧
力の増加により、パワーピストンが下向きに押されます。

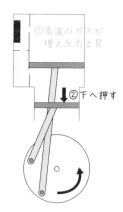

　この後、フライホイールは惰性によって回転を続けます。そのため、パワーピ
ストンとディスプレーサの動きが上昇に転じます。

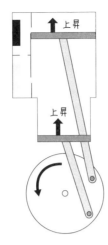

　すると、今度は加熱側から冷却側へガスが移動します。そして、シリンダー内のガス全体の圧力は下がるため、パワーピストンがさらに押し上げられるのです。

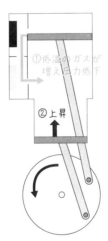

　この行程を繰り返すことで、フライホイールは回転を続けます。そして、フライホイールの部分に磁石とコイルを設置すれば、電磁誘導によって電流が発生します。

　発電で生じる熱を給湯や冷暖房に再利用するなど、廃熱を再利用するシステムをコージェネレーションシステムといいますが、コージェネレーションシステムにスターリングエンジンを利用する開発が進んでいるのです。

恐怖を感じる原因は遠心力

　東京スカイツリーなどのエレベーターは、短時間で長距離を移動できるよう進化しています。ただし、移動時間を短くするには加速が欠かせません。すると慣性力が大きくなってしまうのです。エレベーターは単にスピードを上げればよいものではないことになります。東京スカイツリーのエレベーターは、乗る人の身体に負担がかかりすぎないよう配慮して設計されています。

　また、円運動するときに感じられる遠心力は、慣性力のひとつです。車がカーブする瞬間は、円運動と同じ運動（円運動の一部）だと考えられます。スピードを出しながら急カーブするときには、恐怖を感じます。これは、身体で遠心力を感じるためです。スピードが大きくなるほど、遠心力も大きくなります。

　遊園地の乗り物でも、遠心力が発生するものが多々あります。遠心力が小さすぎては面白くありませんが、あまり大きすぎると身体が負担に耐えられません。場合によっては相当な危険が生じてしまうこともあるのです。そのようなことを計算した上で、適切なスピードが決められているのです。

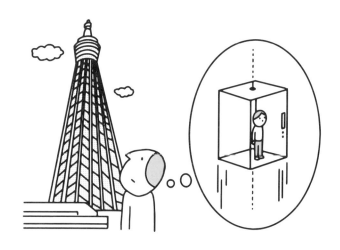

物理編
波動

音や光も波動の一部

　身近なところに、波動はたくさん存在しています。とりわけ、音や光は生活になくてはならない波動といえるでしょう。たとえば、空気中を音波が伝わるときには空気の分子が伝達役（媒質といいます）を担います。空気の分子が振動することで、音が伝わっていくのです。そのため、たとえば真空中では音は聞こえなくなります。

　では、同じく波動である光の場合はどうでしょう。光は、たとえば宇宙空間のような真空状態のところもお構いなしに進んでいきます。伝達役があってこその波動のはずなのですが、光にはそれに相当するものが見つかっていないのです。何とも不思議なことですが、これが光の奥深さともいえるでしょう。

　高校物理においては、まずは**波動全般について成り立つ原理**を学びます。これは、音波や光だけでなく、水面を伝わる波、ロープを伝わる波などあらゆる波動に適用できる考え方となります。

　そして、それをベースとして特に身近な波動である**音波**について学びます。音波については、本章で解説する通り縦波であることに注意が必要です。昨今、京都大学や大阪大学の入試問題において、音波に関連する不適切な出題があったことが話題となりました。その根本にも、音波が縦波であることが関係しています。ただ、そのことは目に見えることではありません。だからこそ、間違いやすいともいえます。

　そして、波動の最後に**光**について学びます。前述の通り、これは特別な存在といえます。その特徴について理解できると、光をさまざまな産業に活用できるようになります。

　光の不思議はアインシュタインが相対性理論を発見するに至った原点でもあります。身近にあふれている存在ですが、よく考えると面白いことがたくさん見えてきます。

教養として学ぶには

特に、光について考え出すと不思議なことがたくさん見つかります。「光の速さで動く人にはどのような変化が生まれるのだろう？」「光の速さで光を追いかけたら、どうなるのだろう？」「光より速いものはあるのだろうか？」など、興味は尽きません。

こういった疑問を突き詰めていったその先に相対性理論があります。物理への視野を広げるには、波動の学習が欠かせません。

仕事で使う人にとっては

光学機器の設計には、光の性質の熟知が欠かせません。音響機器などの開発やコンサートホールでの音響設計などでは、音波の特徴を知っている必要があります。

受験生にとっては

波動は、力学や電磁気学に次いで多く出題されます。差がつきやすい範囲でもありますが、典型的なパターンを1つずつ丁寧に押さえていくことで、確実に解けるようになっていきます。そういう意味では学びやすい分野ともいえます。しっかりと学習しましょう。

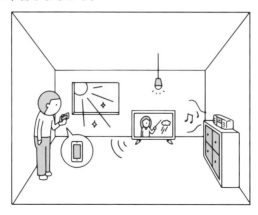

01 波の表し方

水面を伝わる波など波形が目に見えるものもありますが、そうではない波もあります。いろいろな波がありますが、まずはそれらに共通する性質を確認しましょう。

Point

波動は三角関数を使って表される

媒質

波を伝えるものは**媒質**と呼ばれる。

波が一定方向に伝わっていくとき、媒質自体が移動していくわけではない。媒質は、その場で振動を繰り返すだけである。媒質が、タイミングをずらしながら徐々に振動することで、全体として波形が伝わっていく。

媒質が振動するのにかかる時間と回数

媒質が1回振動するのにかかる時間を**周期T**、1 s 当たりの振動の回数は**振動数f**と呼ばれる。両者は「$f = \dfrac{1}{T}$」のように逆数の関係にある。そして、媒質が1回振動すると波形1つ分が移動することになる。

波形1つ分の長さ

波形1つ分の長さは**波長λ**と呼ばれる。つまり、周期Tだけ経過すると波長λの距離だけ波が進むことになり、ここから波の伝わる速さvは「$v = \dfrac{\lambda}{T}$」と求められることがわかる。

さらに、波の振幅A（媒質の振れ幅：元の位置から振動の端までの距離）を使えば、時刻tにおける変位は、

$$y = A \sin \dfrac{2\pi}{T} t \quad （時刻 t = 0 に位相0からスタートした場合）$$

と表せる。ここで、$\sin\bigcirc$の$\bigcirc$（角度に相当）のことを**位相**という。

波がグラフで表されているときには横軸に注意!

音波の波形をオシロスコープで解析したり、地震の揺れを波形で表したりと、波を表すグラフはいろいろな場面で活用されます。

そのとき、最も大事なのは**横軸が何か**ということです。

波をグラフで表すとき、横軸を「位置x」とする場合と「時刻t」とする場合があります。右の図は、横軸が「位置x」のグラフです。

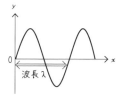

ポイントは、このグラフは**ある1つの時刻**について描いた点です。ある瞬間、各位置の変位がどのようになっているかを示しているのです。ちょうど、波が伝播していく様子を1枚の写真に収めたようなものです。

このとき、図中の⇔の長さは、**波の波長**を表します。このグラフは波形そのものを示しているので、波1つ分の長さは波長に相当するわけです。

それに対して、今度は横軸が「時刻t」のグラフを見てみましょう。

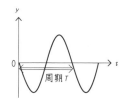

今度は、**ある1つの位置**について描かれていることに注意が必要です。ある一点が、時間とともにどのように変位を変えていくかを表しているのです。まさに、単振動の様子そのものを示しているといえます。

こちらは、図中の⇔の長さは波の波長ではありません。このような波形グラフを見ると、ついつい⇔の部分は波長を示しているように思えてしまいます。しかし、横軸が「時刻t」なのですから、長さを示すはずがありません。

この場合は、⇔の長さは**波の周期**を表します。つまり、1回振動するのにどれだけ時間がかかるか、⇔の長さを読み取ればわかるのです。

このように、波のグラフを扱うときには、横軸が何を表しているのか、まずはこれを確認する必要があることがわかります。そうしないと、せっかくグラフがあっても、それが何を示しているのか正しく知ることができなくなってしまうのです。

縦波と横波

媒質の振動が伝わっていくのが波ですが、その伝わり方には2通りあります。その違いが、波の種類の違いとなります。

Point

疎密を生むのは縦波である

普通「波」というと、たとえばロープを揺らして右のように振動する様子をイメージする。

しかし、これとは違う波も存在する。たとえば、水平なばねの端を左右に揺らすと、次のようにばねは振動する。

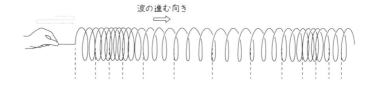

この場合、見た目には「波形」がイメージできない。しかし、振動がタイミングをずらしながら伝播していることに変わりはなく、これも波である。

このように、波には2種類あり、整理すると次のようになる。

● 横波 = 媒質の振動方向と波の伝わる方向が垂直な波

● 縦波 = 媒質の振動方向と波の伝わる方向が平行な波

縦波が発生したとき、ある1箇所に着目すると、そこは「疎」な状態と「密」な状態を繰り返すことがわかる。ここから、縦波において伝播するのは疎密であるとわかる。そのため、縦波は**疎密波**とも呼ばれる。

地震で2種類の揺れが発生する理由

　光は、**横波**であることがわかっています。一方、音波は**縦波**です。空気が音の伝わる方向と同じ方向に振動するのです。

　このように、波の種類によって縦波なのか横波なのか、普通は決まっています。ただ、そのどちらともいえないような波もあります。たとえば、**水面波**です。

　水面波では、媒質である水が次のように振動することが知られています。

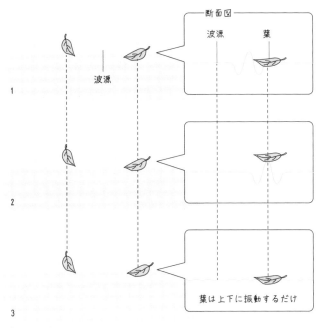

水面波の様子

　水面波が伝わるとき、水は円を描くように振動しています。波の進行方向に対して、垂直な方向と平行な方向のどちらへも振動する、という感じです。

　地震が発生したときには、縦波と横波の両方が発生することが知られています。縦波はP波と呼ばれ、こちらのほうが先に伝わっていきます。横波であるS波は、遅れて伝わっていきます。

　P波が伝わってくると、初期微動が始まります。P波は地面にほぼ水平に伝わっていくので、それほど大きい揺れにはならないのです。

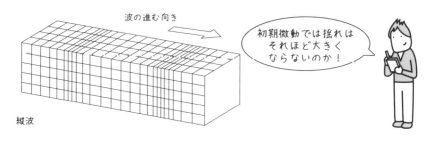

縦波

それに対して、S波が伝わってくると主要動という大きな揺れが始まります。S波が地面に対して垂直な方向、つまり上下に振動する波であるため、揺れが激しくなるのです。

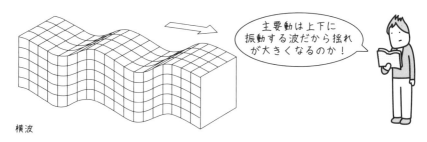

横波

地球の内部の様子を想像する

P波とS波の違いは、引き起こす揺れの激しさだけではありません。伝わるエリアにも、違いがあります。地球の内部は、およそ次ページの図のようになっていると考えられています。

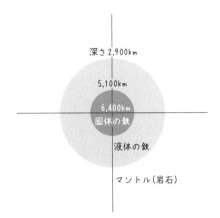

ここで、縦波であるP波は固体、液体、気体のいずれをも伝播できます。した
がって、地球の中をどこまでも進みます。地球の裏側で地震が起こっても、(微弱
ながら)P波なら観測できるのです。

しかし、横波であるS波は固体の中しか伝わりません。地球の中には、液体で
できた部分もあります。そのようなエリアは伝わっていかないのです。

この2つの性質の違いをうまく利用することで、実際に観測したことのない地
球の内部の様子が上のように想像されているのです。

なお、地球の内部の詳細な様子は次の通りです。

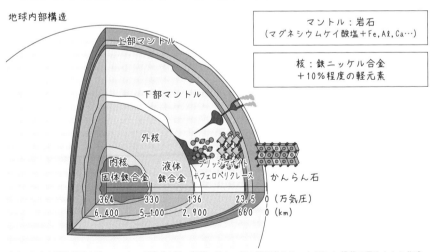

出典:国立大学附置研究所・センター会議「未踏の領野に挑む、知の開拓者たち vol.55」に掲載の図をもとに作成
URL:http://shochou-kaigi.org/interview/interview_55/

教養 ★★★★　　実用 ★★★★★　　受験 ★★★★

03 波の重ね合わせ

ある地点へ複数の波が同時にやってきたらどうなるでしょう。物体の場合、複数のものが同一地点に同時に存在することはありませんが、波ではそのようなことが起こりえます。

Point
波の変位は足し算される

波の重ね合わせ

　ある地点に、波1による変位y_1と波2による変位y_2が同時にやってくると、その地点の変位は、「$y = y_1 + y_2$」となる。これを**波の重ね合わせ**という。

　波長、振幅、周期が等しい2つの正弦波が、直線に沿って逆向きに進んで重なり合ったときには、次のような合成波が生まれる。

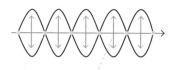

節＝振動しない位置　腹＝振幅が最大の位置

定常波

　この合成波は、右にも左にも進まないように見えるので、**定常波**と呼ばれる。
　定常波の中で、大きく振動する位置を**腹**、まったく振動しない位置を**節**という。

衝撃波が発生しない設計

　波の重ね合わせは、いろいろな場面で起こります。

　2013年にロシアのウラル地方を襲った隕石の落下、爆発による被害は、半径$100\,\text{km}$にも及びました。これは、音速を超えて落下した隕石によって衝撃波が生み出されたためです。

　衝撃波は、音速（約$340\,\text{m/s}$）を超えて進む物体によって生み出されます。

物体の速度v＞音速いのとき

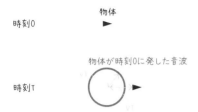

時刻0　物体　▶

時刻T　物体が時刻0に発した音波

最初はこのような波面が生じる

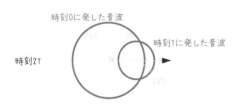

時刻2T　時刻0に発した音波　時刻Tに発した音波

次に生じる波面の中心位置はずれている

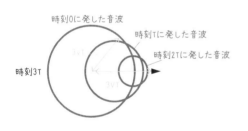

時刻3T　時刻0に発した音波　時刻Tに発した音波　時刻2Tに発した音波

中心位置がずれた波面が多数重なると、衝撃波が生じる

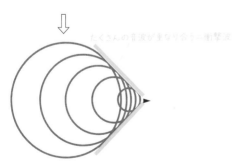

たくさんの音波が重なり合う＝衝撃波

　図は、たくさんの音波が発生して重なり合うことで、強い衝撃（衝撃波）が生み出される様子を示しています。衝撃波が発生すると、**爆音や爆風が生じてしまう**のです。

04 波の反射・屈折・回折

波は、真っすぐ進み続けるわけではありません。何かにぶつかってはね返ったり、伝わる場所が変わることで曲がったり、また広がっていくこともあります。

Point

波の屈折は、媒質が変わるときにだけ起こる

反射の法則

波は、何かにぶつかって反射することがある。このとき、次の**反射の法則**が成り立つ。

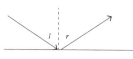

反射の法則：$\sin i = \sin r$

反射の法則：$\sin i = \sin r$

屈折

波がある媒質中から別の媒質中へ進むとき、進行方向が変わる。この現象を**屈折**といい、次の屈折の法則を満たす方向へ進んでいく。

屈折の法則：
$$\frac{\sin i}{\sin r} = \frac{v_1}{v_2} = \frac{\lambda_1}{\lambda_2} = \frac{n_2}{n_1}$$

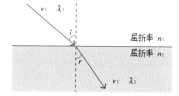

回折

波が板の隙間や物体に向かって進むとき、波は板の隙間や物体の端から回り込んで広がっていく。この現象は**回折**といわれる。

波の波長に比べて隙間や物体の大きさが小さいほど、回折が目立つようになる。

冬の夜に遠くの音が聞こえる理由

水面波には、水深が大きいところほど速く進んでいく性質があります。したがって、波が海岸に近づくにつれてゆっくり進むようになります。

このことは、「波が海岸線に平行に進んでくる」ことの理由になっています。もともと波は、海岸に対していろいろな方向からやってきます。それなのに、海岸近くでは必ず海岸線に対して平行にやってきます。考えてみると不思議ではないでしょうか。

この理由は、次の図のように理解できます。

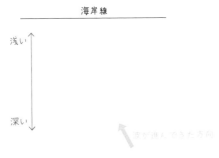

上の図の場合、波面の右側は浅いところを、左側は深いところを進むことになります。すると、深いところのほうが速く進むため、図のように波面の方向が変わっていきます。この結果、波面は徐々に海岸線に平行になっていくのです。

これは、波の進む向きが変わっていく**屈折**という現象です。どのような方向から波が進んできても、屈折によって最終的に海岸線と平行になるのです。
同じような現象が、空気の中でも起こっています。音波の屈折です。

音速は、気温が高いほど大きくなります。したがって、上空ほど気温が高くなっているときには、音は下図のように屈折します。

このような状況が実現しやすいのが、冬の夜です。冬の夜には、放射冷却が起こって熱が上空へ逃げていくため、上空へ行くほど気温が高くなります。すると、地上で発せられた音は屈折して遠くまで伝わりやすくなるのです。

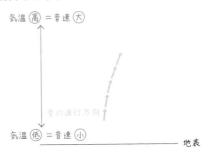

05 波の干渉

波の重ね合わせが起こるとき、ある場所は常に強め合うのに対して、別の場所は常に弱め合うことが起こります。

Point

2つの波の位相が一致すれば強め合い、位相が反対なら弱め合う

ある点に2つの波が同時にやってくるとき、2つの波は重ね合わせを起こす。このとき、2つの波が強め合って大きく振動することもあれば、弱め合って振動しなくなることもある。これを**波の干渉**という。

2つの波がどのように干渉するかは、次のように決まる。

● 2つの波が最も強め合う点：2つの波源からの距離の差 = 波長 × 整数

● 2つの波が最も弱め合う点：2つの波源からの距離の差 = 波長 × $\left(整数 + \dfrac{1}{2}\right)$

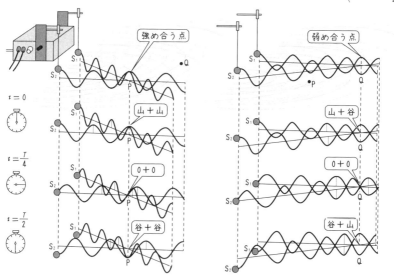

たとえば、2つの正弦波が重ね合わさって定常波（03参照）ができるとき、定常波の腹は2つの波が強め合う点、節は2つの波が弱め合う点である。

波の干渉を利用して騒音を消す

地球上では、さまざまな波が飛び交っています。光、音波、（目に見えない）電波などです。

たとえば、同時に複数の電波が飛んでくるとそれらが干渉を起こします。無線LANなどの普及で、飛び交う電波は増える一方です。電波の干渉が、雑音などの原因になることもあります。

一方で、**干渉することを利用して騒音を消すこともできます**。

騒音問題は、交通網が著しく発達した現代では大きな課題です。新幹線や高速道路の沿線に住む人たちが、騒音に悩まされることは少なくありません。

騒音対策として、防音壁が備え付けられているところは多くあります。しかし、これだけで完璧に防ぐことは困難です。実は、最も有効な騒音対策は**音の干渉を利用する方法**だといわれています。

音波が干渉して強め合ってしまうこともありますが、次のような位相関係になれば弱め合います。2つの音波の位相が正反対で、振幅が等しいとすると、2つの音波はちょうど打ち消し合って消えてしまいます。

消したい音（騒音）

人工的に発生させた音

それぞれの場面で、どのような騒音が発生しているか分析します。そして、それとちょうど逆位相の音波を人工的に発生させるのです。

Business ノイズ・キャンセリングの仕組み

このような方法は、イヤホンにも活用されています。

飛行機で音楽などを聴くとき、飛行機のエンジン音が邪魔になります。そこで、エンジン音をマイクで集音し、電気回路によって瞬時に逆位相の音波を作ります。それを発生させることで、エンジン音を打ち消しているのです。このおかげで、飛行機の中でも心地よく音楽を聴くことができるのです。

この仕組みはノイズ・キャンセリングと呼ばれます。音を追加することで音を消す、不思議な感じがしますが、波の性質をうまく利用した方法なのです。

06 音波

空気中を伝わっていく音波は縦波です。つまり、空気の疎密変化（圧力変化）が伝わっていくのが音波だということです。

Point

音の高さは振動数で決まる

音波は、空気中をおよそ340 m／sで伝わっていく。

正確には、

$V = 331.5 + 0.6t$ （V：音速　t：温度（℃））

のように、気温によってわずかに変化する。

音波は空気以外の媒質中も伝わっていく。固体中を伝わるときが最も速く、たとえば鉄を伝わるときには6,000 m／sほどである。

液体中だと、たとえば水を伝わる速さは1,500 m／sほどである。

気体中では、軽い気体ほど速く伝わる。ヘリウムガスの中だと、970 m／sほどである。

音の高さの違いは、**振動数**（1 s間に媒質が振動する回数）の違いによる。振動数が大きいほど高い音である。人間が聴くことができるのは、およそ20〜20,000 Hzの範囲である。

聞こえない音も役に立つ

振動数が20,000 Hzより高い音は、人には聴こえません。この音を**超音波**といいます。耳で聴くことはできない超音波ですが、いろいろな用途で利用されています。たとえば、メガネや金属表面などの洗浄です。洗浄したいものを水中に入れ、超音波を発生させます。超音波は1秒間に2万回以上の振動をするので、その激しい振動で汚れが落ちるのです。

カップ麺の製造でも、超音波が利用されています。容器にふたを接着するときです。ふたの接着では接着剤などは使わず、接触面に超音波を当てています。す

ると、超音波のエネルギーで接触面が溶け、一瞬でくっつくのです。IC（集積回路）の細い導線を接続するときにも、この方法を使います。

　また、人体の診断でも超音波は使われています。内臓へ超音波を送り、反射してきた超音波を分析することでその状態を調べる方法です。

　人は聴くことができない超音波を聴くことができる動物がいます。たとえばコウモリです。コウモリは、自ら5万〜10万Hzの超音波を発します。そして、その音が反射して返ってくるまでの時間から、物体までの距離を知ることができます。また、近くにあるものからの反射音は強くなるので、反射音の強さからも距離を知ることができます。

　さらに、動いている虫などに超音波が当たってはね返ってきた場合には、ドップラー効果（08参照）によって超音波の振動数が変化します。したがって、振動数の変化から虫などの速度を測ることもできるのです。

　同じく、イルカも自ら超音波を発し、音を聴くことができる動物です。水族館のイルカが水槽の壁にぶつからないのは、壁からはね返ってくる超音波を聴いているからなのです。

振動数が低い音も聞こえない

　逆に、20Hzより振動数が低い音は**低周波**と呼ばれます。こちらも、人間には聴くことができません。

　ヘリコプターのプロペラが回転を始めるとき、最初ゆっくり回っているときには音が聞こえません。プロペラの回転数が増加するにつれて、大きな音が聞こえるようになります。

　実は、プロペラがゆっくり回っているときにも音が出ていないわけではないのです。速さに関係なく、プロペラが回れば周りの空気が振動し、音は発生します。しかし、回転がゆっくりの間は発生する音の振動数が小さいため、聞こえないのです。回転開始時には、人が聴くことができない低周波が発生しているのです。

　低周波は、聞こえないだけで身近なところにたくさん存在しています。たとえば、人の皮膚はマイクロ・バイブレーションという微弱な振動をしています。そのため、8〜12Hzの微弱な低周波が常に人体から発せられています。

07 弦と気柱の振動

美しい音色を発する楽器には、いろいろな種類があります。大きく弦楽器と管楽器に分けられますが、いずれも特定の振動数の振動が発生し、音波を生み出しています。

固有振動の重ね合わせで音色が生まれる

両端を固定して張った弦の中央部を弾くと、弦は特定の振動数で振動する。

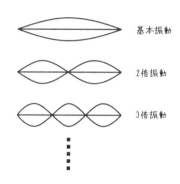

　弦には、上のようないくつもの定常波が生じる。上から順に、**基本振動**、**2倍振動**、**3倍振動**……と呼ばれる。

　その理由は、波長が短くなるにつれて振動数が大きくなるからである。振動数が基本振動の何倍かをもとに、各振動の名前が決まっている。

　弦の長さをLとすると、基本振動の波長は$2L$であるので、$v = f\lambda$より、「振動数$f = \dfrac{v}{2L}$」と、基本振動の振動数を求められる。2倍振動の振動数はこの2倍、3倍振動なら……、とこれを基準に求められる。

　実際に弦を振動させると、いくつもの振動数の音波が同時に発生する。その重ね合わせにより、楽器特有の音色が生まれる。

　管の場合も、同様である。ただし、管の両端が開いている場合（開管）と片側が閉じている場合（閉管）で次ページの図のように定常波に違いがあることに注意が必要である。

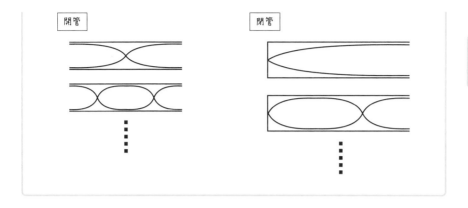

身体が大きいと声が低い理由

　一般的に、身体の大きい男性は声が低いことが多いです。これも、**気柱の共鳴**によって理解できます。

　人が声を出す仕組みは、次の通りです。

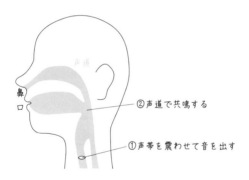

②声道で共鳴する

①声帯を震わせて音を出す

　声道は、一般的には男性のほうが長くなっています。また、身体が大きいほどそれに合わせて声道が長くなる場合がほとんどです。

　つまり、身体の大きい男性は声帯で発した音を共鳴させる気柱が長くなるため、その音は振動数が小さい（低い）音となるのです。これが、一般的に身体の大きい男性の声が低くなる理由です。

　ちなみに、男子が大人の身体へと変わっていくとき、喉仏が前へ突き出ます。このとき、喉仏に引っ張られて声道が長く伸びるため、声変わりする（声が低くなる）のです。

08 ドップラー効果

音波を発生するものが移動すると、もともとの音から高さが変わって聞こえます。この現象をドップラー効果といい、身近なところでも起こっています。

Point

音の振動数が変化するのは、波長が変化するから

ドップラー効果

ドップラー効果は、音の高さ（振動数）の変化として観測される。ただし、その原因は音波の波長の変化にある。ドップラー効果を正しく理解するためには、まずは**波長の変化を知る**必要がある。

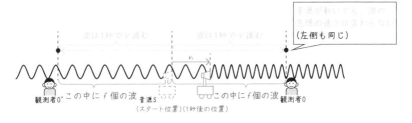

前方・後方の波長

上図から、移動しながら音波を発する音源の

● 前方の波長 $\lambda' = \dfrac{V - v_s}{f}$

● 後方の波長 $\lambda'' = \dfrac{V + v_s}{f}$

となることがわかる。

音源の前方・後方で聞こえる振動数

音源が動いても音波の伝わる速さ V は変わらないことから、

● 音源の前方で聞こえる振動数 $f' = \dfrac{V}{\lambda'} = \dfrac{V}{V - v_s} f$

● 音源の後方で聞こえる振動数 $f'' = \dfrac{V}{\lambda''} = \dfrac{V}{V + v_s} f$

となることが理解できる。

ドップラー効果で気象観測

　ドップラー効果を一番よく体験できるのは、救急車のサイレン音でしょう。自分のいる位置に対して救急車が近づいてくるとき、サイレン音は高くなって聞こえます。そして、遠ざかっていくときには低くなります。

　ドップラー効果の本質は、**波長の変化**にあります。そこから、ドップラー効果は音波以外でも波であれば起こることが理解できます。

　たとえば、天体観測では天体から発せられる光の波長が変化していないか確認します。もしも、本来の波長よりも短くなっているなら、その天体は地球に対して近づく動きをしていることになります。逆に、波長が長くなっていれば遠ざかっていることがわかるのです。

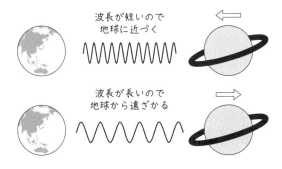

気象観測へのドップラー効果の活用

　災害に対応するためにも気象観測の重要性は増しています。ここでも、ドップラー効果が役立っています。

　気象観測には、気象レーダーが用いられます。これは、マイクロ波という波長の短い電波を発する装置です。気象レーダーから雲に向かってマイクロ波を照射します。そして、反射してくるマイクロ波の波長を測定するのです。

　もしも雲がレーダーに対して近づく方向へ動いていれば、反射されるマイクロ波の波長が短くなっているはずです。逆に、遠ざかっていれば波長が長くなっているはずです。さらに、波長の変化の度合いを調べれば、雲がどのくらいの速さで移動しているのかも知ることができるのです。

　このような方法で、上空で吹いている風の速さを知ることができます。

09 光

私たちが何かを見ることができるのは、すべて光のおかげです。ただ、光の性質を正しく理解していないと、思わぬ落とし穴にはまってしまいます。

人間が見ることができるのは、ごく一部の光だけ

　私たち人間が見ることができる光を**可視光**という。これは、波長がおよそ $3.8 \times 10^{-7} \sim 7.7 \times 10^{-7}$ m の光である。

　この中で、波長が長いほうから「赤、橙、黄、緑、青、紫」というように色が変わっていく。

紫	青	緑	黄	橙	赤
380	450	495	570 590	620	750

　しかし、世の中にある光がこれだけだというわけではない。下表に示すように、大変幅広い波長の光が存在する。

名　称	波　長	周波数
VLF（超長波）	$10 \sim 100$ km	$3 \sim 30$ kHz
LF（長波）	$1 \sim 10$ km	$30 \sim 300$ kHz
MF（中波）	100 m~ 1 km	$300 \sim 3{,}000$ kHz
HF（短波）	$10 \sim 100$ m	$3 \sim 30$ MHz
VHF（超短波）	$1 \sim 10$ m	$30 \sim 300$ MHz
UHF（極超短波）	10 cm~ 1 m	$300 \sim 3{,}000$ MHz
SHF（センチ波）	$1 \sim 10$ cm	$3 \sim 30$ GHz
EHF（ミリ波）	1 mm~ 1 cm	$30 \sim 300$ GHz
サブミリ波	100μm~ 1mm	$300 \sim 3{,}000$ GHz
赤外線	770 nm$\sim 100 \mu$m	$3 \sim 400$ THz
可視光線	$380 \sim 770$ nm	$400 \sim 790$ THz
紫外線	~ 380 nm	790 THz$\sim$
X線	~ 1 nm	30 PHz$\sim$
γ波	~ 0.01 nm	3 EHz

（電波／マイクロ波）

📖 人間が見られる光はごくわずか

Pointの表に挙げた光のうち、人間が見ることができるのはごく一部です。

波長はさまざまですが、すべての光に共通するのは**伝播速度**です。光は、約$3.0 \times 10^8 \, \mathrm{m/s}$という速さで進んでいきます。これは、1秒で地球を7周半する速さであり、世の中で最速です。

📖 私たちが見ているものはすべて過去のもの

私たちが見ているものは、すべて過去のものです。夜空にはたくさんの星が輝いて見えますが、その中には何億年も昔に放たれた光もありますし、もう存在しない星の光も含まれています。

太陽光も、約8分20秒前に放たれた光です。私たちはリアルタイムの太陽を見ることはできず、8分20秒昔の太陽しか見られないのです。

目の前にいる人を見るときも、ほんのわずかですが、光が伝わってくる時間の分だけ過去を見ていることになります。でも、このようなずれは本当にほんのわずかで、むしろ光が眼に届いた後に脳内で処理するのに、より長い時間がかかります。

人間には、この脳内処理による認識時間のずれを補正する**フラッシュラグ効果**と呼ばれる仕組みが備わっています。次の例で説明します。

観測者

上のように観測者の前を通り過ぎていく物体があるとします。物体が位置Aにあるときの光を見て観測者が物体を認識したとします。このとき、脳内処理のために認識するまでに多少の時間がかかってしまいます。すると、観測者が物体を認識した瞬間には、物体はAより前方にあることになります。

観測者

観測者が「Aにある」と認識したとき、実際には物体は位置Bにある

　このように、情報の脳内処理に時間がかかることが原因で、動いている物体の位置をリアルタイムで正しく認識できなくなるのです。しかし、人間はそれを補正する能力を持っています。動いている速度に応じて、届いた光の情報より少し前方に物体があると認識するのです（これは、無意識のうちに行われます）。これがフラッシュラグ効果です。

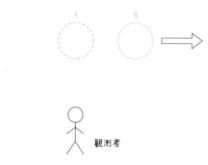

観測者

物体Aから来た光を見て、「Bにある」と認識する＝フラッシュラグ効果

　私たちの認識には無意識のうちに錯覚が生じていることがわかる例です。物理が、このような認知につながっているとは面白いですね。

📺Business オフサイドの多くが誤審？

　このフラッシュラグ効果は私たちが動く物体の位置を正しく把握するのに役立つ反面、困った問題も引き起こします。サッカーのオフサイドの誤審がその典型

例です。

　フラッシュラグ効果は、動いている物体にしか働きません。止まっている物体は認識に時間のずれがあっても、位置が変わらないので問題ないからです。

　したがって、動いている物体と止まっている物体を同時に見たとき、次のように観測者は認識することになります。

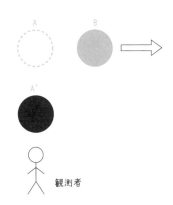

2つの物体が位置AとA'にある瞬間に放たれた光を見て、
観測者は2つの物体は位置BとA'にあると認識してしまう

　フラッシュラグ効果は動いている物体にだけ働くため、本当は同時刻に真横にいても、片方だけが前方に飛び出しているように見えてしまうのです。サッカーの場合、上図の青がオフェンダー、黒がディフェンダーに相当します。本当はオフサイドではないのに、オフサイドに見えてしまうのです。

10 レンズによる結像

カメラなどの光学機器に欠かせないのがレンズです。レンズは、どのような働きをしているのか、ここで確認しておきましょう。

 Point

レンズが作る像には2種類ある

たとえば凸レンズを使うと、次のようにして像を作ることができる。

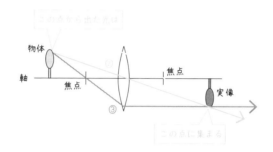

このとき、実際に光が集まることで像ができる。そのため、このような像は**実像**と呼ばれる。

実像ができる仕組み

実像ができる仕組みを理解するポイントは、次の3点です。

- 光軸に平行な光は、屈折して焦点を通るようになる
- レンズの中心を通る光は、直進する
- 焦点を通った光は、光軸に平行に進むようになる

虚像ができる仕組み

また、凹レンズを使って次ページのように像を作ることもできます。

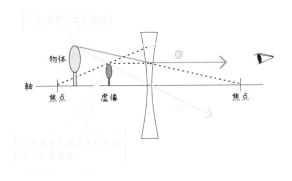

　この場合は、像の位置に実際に光が集まっているわけではありません。そこに像があるように見えるだけです。そのため、**虚像**と呼ばれます。

　この場合のポイントは、次の3点です。

- 光軸に平行な光は、焦点を通ってきたように見える
- レンズの中心を通る光は、直進する
- 焦点に向かって進んでいた光は、光軸に平行に進むようになる

 2種類のレンズの特徴を組み合わせる

　レンズによって、どのような位置にどのくらいの大きさの像ができるかは、次の**レンズの公式**によって求められます。

$$\frac{1}{a} = \frac{1}{b} = \frac{1}{f}$$

a：レンズと物体の距離（凸レンズ：＋にする　凹レンズ：－にする）

b：レンズと像の距離（＋になったら：実像　－になったら：虚像）

f：焦点距離

倍率 $= \left| \dfrac{b}{a} \right|$

　これを使うと、たとえば次のような状況についてスムーズに考えられるようになります。

焦点距離10cmの凸レンズがある。このレンズの前方20cmの位置に、光軸に垂直に高さ20cmの物体が立っている。これについて次の各問いに答えよ。

(1) 物体の像ができる位置を答えよ（レンズの前方か後方かも答えよ）。

(2) (1)の像は実像か、虚像か。

(3) (1)の像の大きさを求めよ。

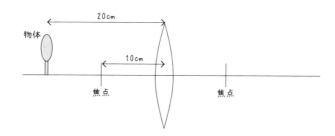

(1) レンズの公式を使って $\dfrac{1}{20} + \dfrac{1}{b} = \dfrac{1}{10}$

よって $b = \underline{20\,\mathrm{cm}}$ 　$b > 0$ なので実像ができるから、位置はレンズの<u>後方</u>

(2) <u>実像</u>

(3) 倍率 $= \left| \dfrac{b}{a} \right| = \dfrac{20}{20} = 1$

よって、像の大きさは物体の大きさと同じで<u>20cm</u>

[💻 Business] 人間がものを見ることができるメカニズム

　最も身近なレンズは眼の中にある水晶体です。人間が何かを見ることができるのは、眼に入ってきた光を水晶体で屈折させ、網膜上に像を結ぶからです。

　ところが、うまく網膜上に結像しなければ、ハッキリ見ることができません。網膜上に結像しないパターンは2通りあります。網膜より手前で結像するか、後

ろで結像するかです。前者を**近視**、後者を**遠視**といいます。

網膜より手前で像を結ぶ＝近視

網膜より後方で像を結ぶ＝遠視

このように、近視と遠視では逆のことが起こっているので、その対策も逆になります。近視の場合は結像の位置をより後方に、遠視の場合はより前方で結像するようにする必要があります。

そのため、近視用レンズ（メガネやコンタクトレンズ）には凹レンズを使います。凹レンズの働きで、結像の位置を後方に移動させられるからです。

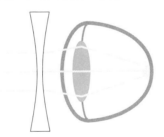

逆に、遠視用には凸レンズを使います。凸レンズによって、結像の位置を前方に移動させるのです。

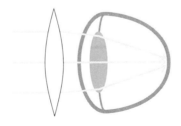

最近流行りの遠近両用レンズでは、両者をうまく組み合わせ近視と遠視のどちらにも対応できるようにしています。

光の干渉

光は波であるため、干渉します。この性質をうまく利用すると、光のエネルギーを最大限に活用できるようになります。

教養 ★★★★　実用 ★★★★　実践 ★★★

Point

光の干渉はパターンごとに理解する

光が干渉する代表的なパターンは、次のように整理できる。

ヤングの実験（光の干渉を初めて発見した実験）

2つの光の光路差 $= \dfrac{dx}{L}$ は覚えておく

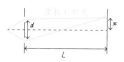

↓

$\dfrac{dx}{L} = m\lambda \ (m = 0, \ 1, \ 2, \ \cdots)$ を満たす位置 x が明線となる

$\therefore$ 明線の位置 $x = \dfrac{mL\lambda}{d} \ (m = 0, \ 1, \ 2, \ \cdots)$ → 明線の間隔 $= \dfrac{L\lambda}{d}$

回折格子

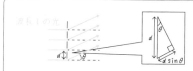

隣どうしの光の光路差 $= d\sin\theta$ を求められるようにしておく

（上図参照）

↓

$d\sin\theta = m\lambda \ (m = 0, \ 1, \ 2, \ \cdots)$ を満たす方向 θ に明線ができる

※ $0 \leqq \sin\theta \leqq 1$ なので　$0 \leqq \dfrac{m\lambda}{d} \leqq 1$

よって、$0 \leqq m \leqq \dfrac{d}{\lambda}$ を満たす m の数を求めれば、明線の本数がわかる

📖 ソーラーパネルの反射防止膜

　ソーラーパネルでは、太陽光のエネルギーを最大限活用するため、**薄膜の干渉**をうまく利用しています。

　2つの光（薄膜の表面で反射する光と、薄膜内へ進入してから反射して戻ってきた光）が強め合って明るく見えるか弱め合って暗く見えるかは、薄膜の厚さによって決まります。

　ソーラーパネルの発電効率は種類によって異なりますが、普及しているものはおおよそ10~20％程度です。つまり、ソーラーパネルに降り注ぐ太陽光エネルギーの8割は利用できていないのです。

　その原因はいくつかありますが、1つは表面での光の反射です。せっかくエネルギーが降り注いでもそれが反射してしまっては、利用できません。

　そこで、光のエネルギーの反射を抑えるために、薄膜の干渉を利用するのです。2つの光が干渉して弱め合うとき、薄膜表面から反射されていく光のエネルギーが弱められます。ということは、ほとんどのエネルギーがソーラーパネルに吸収されることになるのです。

　多くのソーラーパネルではシリコンが使われていますが、シリコン自体には金属光沢があり青く見えません。ソーラーパネルが青く見えるのは、この反射防止膜の色なのです。

　同じ原理は、たとえばメガネにも使われています。反射光を弱めることで、写真撮影時に光ってしまうのを防いでくれます。

　相手のレーダーに探知されない「ステルス型戦闘機」にも、同じ仕組みが利用されています。電磁波を発射し、その反射を観測することで物体を見つけるのがレーダーです。ステルス型戦闘機には、薄い膜が塗布されています。膜の表面で反射する電磁波と、膜の中で反射する電磁波とが干渉して弱め合うことで、電磁波が反射していかないようにしているのです。

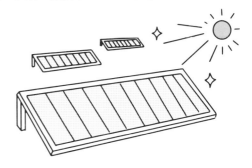

ダイナマイトや雷にも衝撃波が関係する

衝撃波は隕石の落下によってだけ生じるわけではありません。

たとえば、イギリスとフランスが共同開発したコンコルドという航空機は、音速の2倍もの速さで飛行できるものでした。1976〜2003年まで実際に就航していたのですが、衝撃波を生み出すこともあり、現在は利用されていません。

また、トンネル工事でダイナマイトを爆発させると、爆発によって無数の物体が音速以上に加速されます。その結果、衝撃波が生まれます。この場合は爆轟波（ばくごうは）と呼ばれ、音速の15倍もの速さになるそうです。

さらに、雷発生時の「ゴロゴロ」という音も、衝撃波によって生み出されています。雷の大電流によって発生した熱で、空気は急速に加熱されて膨張します。そのために、衝撃波が発生するのです。

リニアモーターカーなど、次世代を担う高速移動手段も開発されています。それらの運用に際しても、衝撃波を生み出さない工夫が必要とされます。

ヘリウムガスを吸うと声が高くなる理由

声を変える遊びをするためのヘリウムガスを使ったことがあるでしょうか。ヘリウムガスは100％ヘリウムだと窒息の恐れがあり危険なので、実際には酸素：ヘリウム＝1：4という割合で混ぜられているそうですが、なぜこれを吸うと声が高くなるのでしょう。

ヘリウムガスを吸っても声道の長さは変わらないので、共鳴する音（声）の高さも変わらなさそうです。ところが、ヘリウムを吸うと音の進む速さが変わるのです。

ヘリウムガスは軽いので、「$v = f\lambda$」の中の「v」の値が大きくなるのです。振動数「f」もそれに比例して大きくなり、高い音になるのです。

物理編
電磁気学

数学を学んでいなかったファラデー

　電磁気学は、19世紀に発展した学問です。特に、ファラデーによる**電磁誘導の発見**と、マクスウェルによる**電磁気学の数式による整理（マクスウェル方程式）**が重要です。マクスウェル方程式については高校物理では登場しませんが、その内容に相当することは学びます。

　さて、電磁誘導は太陽光発電以外の発電の原理となっている重要な現象です。1831年のファラデーによる発見がなければ、今日の電気に不自由しない生活もなかったかもしれません。

　ファラデーはイギリスの貧しい家に生まれ、幼い頃には製本所に住み込みで働いていました。そんな境遇にもかかわらず、科学への好奇心を持っていたそうです。ある日、ファラデーはデービーという高名な科学者の講演を聴く機会を得ます。講演を聴いて深い感銘を受けたファラデーは、手紙を書いて懇願し、デービーの助手にしてもらいます。

　こうしてデービーの助手となったファラデーですが、生まれが貧しかったため数学を学んでいませんでした。これは、科学を研究する上で致命的ともいえることです。しかし、彼はひたすら"実験"を通しての探究に取り組みました。そして、その成果として「電磁誘導」という現象を発見したのです。

　多くの発明をしたデービーが、のちに「私の最大の発見はファラデーに出会ったことだ」と語るほど、ファラデーの活躍はめざましいものでした。

　自然科学を探究する上で、地道に"実験"することがいかに大切かがわかる話です。マクスウェルは、「ファラデーが数学者でなかったことは、おそらく科学にとって幸運なことであった」と述べているほどなのです。

　本章では、過去の偉人による電磁気学について、順序立てて整理します。電磁気学の発展にはとても多くの科学者が貢献してきたことを知ることができます。

教養として学ぶには

電磁気学の発見には、歴史があります。19世紀が中心ですので、私たちにとってそれほど遠い話に感じないことも多くあります。

その時代の偉人は何を考え、どのようにして法則を見い出したのか、そのようなことに思いを馳せながら学習すると、楽しく学べると思います。もちろん、身近なところで多々活用されていることも見逃せません。

仕事で使う人にとっては

電気がない生活は、もはや考えられないでしょう。その生活を支える仕事（発送電など）ではもちろんのこと、たとえば家電機器を開発、設計、製造する上でも、電磁気学への理解が欠かせません。

さらには、情報化が進む現代を支えているのも電磁気学です。電磁気学なくしてIT社会の発展はあり得ません。

受験生にとっては

力学と並んで入試で重視される分野です。物理の後半で学ぶため、十分に習得していない人も多い分野です。だからこそ、早めに学習を始めて力をつけ、ライバルに差をつけましょう。

01 静電気

子どもでも実験して楽しめる静電気は、工業的に幅広く活用されています。

👆 Point

接近すると静電気力は急に大きくなる

電気にはプラスとマイナスの2種類がある。

プラスの電気どうし、マイナスの電気どうしには斥力（反発力）が働くが、プラスの電気とマイナスの電気の間には引力が働く。これらの力を**静電気力**といい、大きさは次の式で表される。

$$F = k\frac{Q_1 Q_2}{r^2} \quad (k：比例定数 \quad r：電荷間の距離 \quad Q_1、Q_2：各電荷)$$

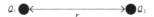

これを**クーロンの法則**という。

📖 静電気力を利用している電子機器

静電気力のうちの、特に**プラスとマイナスの間に働く引力**は大変重宝されます。

自動車のボディなどの塗装をするとき、電気的な引力によって塗料を吹き付けることで均等に塗装できます。また、電気的な引力によってホコリやカビを吸着する空気清浄機もあります。

古くからあるものとしては、コピー機があります。1445年頃、ドイツのグーテンベルクによって活版印刷術が発明されました。文字を金属や木の小さな棒の先に彫り込んだ版へ、紙を押し当てて印刷する技術です。これによって同一の文書が大量に出回るようになり、知識の拡大が容易になりました。1つの発見が印刷物を通して多くの人に広がり、知識が共有され、科学の進歩はスピードアップしていったのです。

活版印刷術の発明はとても画期的なもので、1980年頃まではこれで書籍を印

刷していました。

そして、現在では電気を使うことで簡単に印刷物をコピーできます。コピー機の中には、回転するドラムが入っています。ドラムの表面には感光体が塗られています。感光体とは、光が当たると電気を通しやすくなる物質のことです。

この感光体の塗られたドラムを、まず正に帯電させておきます。

次に原稿に光を当て、その反射光を上の感光体に当てます。原稿の明るい（白い）部分からは光が強く反射してきて、暗い（黒い）部分からは光が反射しません。

そして、光が当たった部分からは（感光体が電気を通しやすくなるので）正の電荷が移動して消えてしまい、光が当たらない部分にだけ正の電荷が残ります。

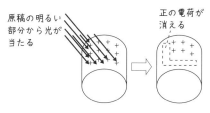

ここへ、負に帯電させたトナー（黒い粒子）を振りかけます。すると、静電気力によって感光体の正の電荷が残った部分にのみトナーが付着します。

ドラムを回転させ、付着したトナーを紙へ転写します。これで原稿の白黒を写すことができました。

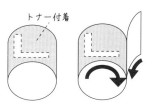

以上がコピー機の仕組みです。

Business　レーザープリンターにも静電気の仕組みが使われている

私たちの身近なものでこれとほぼ同じ仕組みを利用しているのが、レーザープリンターです。

プリンターには大きく分けてレーザープリンターとインクジェットプリンターがあります。インクジェットプリンターは、紙にインクを直接吹き付けるものです。インクジェットのほうが細かいところまできれいに印刷できますが、大量に印刷する場合、1枚ずつインクを吹き付けるので時間もかかり、インク代もかかってしまいます。大量の印刷には、コピー機と同じ原理のレーザープリンターのほうが向いています。

02 電場と電位

静電気力は、直接触れることなく働く不思議な力です。この現象は、電荷が作る「電場」が力を及ぼすと考えることで納得できます。

Point

電位を微分することで電場を得られる

電場

距離 r だけ離れた電荷 Q_1、Q_2 の間に、大きさ $F = k\dfrac{Q_1 Q_2}{r^2}$ の静電気力が働くことは、次のように理解できる。

まず、電荷 Q_1 が周囲を静電気力が働く空間に変える。これを**電場**といい、電荷 q は強さ E の電場から大きさ $F = qE$ の力を受ける。

⇓

電荷 Q_1 は、距離 r 離れた位置に電場 $E = k\dfrac{Q_1}{r^2}$ を作る

$$Q_1 \bullet \longleftarrow\!\!\!\!\!\!\!\!\!\!\!\!\!\!\!\!\!\!\longrightarrow \Rightarrow \quad k\frac{Q_1}{r^2}$$

⇓

電荷 Q_2 は、Q_1 の作った電場から大きさ $F = Q_2 E = k\dfrac{Q_1 Q_2}{r^2}$ の静電気力を受ける。

電位

電場は、右のような空間の歪みとして理解できる。このとき、各点の高さに相当するのが**電位**である。

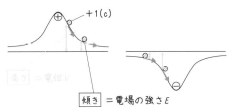

高さ = 電位 V

+1 (c)

傾き = 電場の強さ E

電荷 Q_1 が距離 r 離れた位置に作る電位 V は、

$$V = k\frac{Q_1}{r}$$

と表される。

　水平でない空間に物体を置けば、物体は坂道を転げ落ちるようにして力を受ける。

　電荷が受ける静電気力はこのように理解でき、電場の傾きが急であるほど大きな静電気力を受けると理解できる。

　このことは、電位Vを距離rで微分することで、電場の強さEを求められることを意味する。

$$E = \left| \frac{dV}{dr} \right|$$

電場から静電気力の位置エネルギーを理解できる

　加速器と呼ばれる装置では、目に見えない荷電粒子を電気の力を使って加速させます。このとき、どのくらいの電場を加えることでどの程度加速できるか、計算する必要があります。

　このときには、**静電気力の位置エネルギー**を考えると便利です。

　静電気力の位置エネルギーは、右の図で理解できます。

　電場の中で、電荷を高い位置（電位の大きい位置）に移動させるには、仕事が必要です。電荷は、仕事された分をエネルギーとして蓄えます。これが静電気力の位置エネルギーです。

　逆に、静電気力の位置エネルギーを蓄えた電荷は放されるとそのエネルギーを解放して運動エネルギーへ変換します。

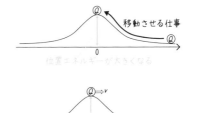

　このとき、エネルギー保存則が成り立ちます。上の図では、

$$QV + \frac{1}{2}mv^2 = \frac{1}{2}mv'^2$$

と表せます。

　このような考え方を使うと、どの程度の電場でどのくらい加速できるか、求められるのです。

教養 ★★★　　實用 ★★★★　　受験 ★★★

03 電場中の導体・不導体

静電気力は、帯電したものどうしでなくても働くことがあります。たとえば、帯電したストローを帯電していない空き缶に近づけると、空き缶がストローに引き寄せられます。

Point
電場の中で生じる変化には、導体と不導体で違いがある

導体と不導体

● 導体 = 電気を通すもの

● 不導体 = 電気を通さないもの

両者の違いは、自由電子があるかどうか。導体には自由に動ける自由電子があるが、不導体にはそれがない。

静電誘導

導体が電場の中に置かれると、自由電子が静電気力を受けて移動する。移動した自由電子は、与えられた電場と逆向きの電場を作る。それらが打ち消し合って、導体内の電場が0になるまで、自由電子は移動を続ける。

誘電分極

不導体が電場の中に置かれても、自由電子が移動することはない。その代わりに、不導体を構成する分子が向きをそろえる。特に、分子に電気的な偏り（極性）があれば、電場から力を受けて、電場を打ち消す向きに整列する。この結果、元の電場は0にはならないが弱まることになる。

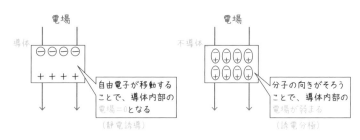

📖 金属で遮蔽すれば静電誘導は起こらない

　電場の中に置かれた物体に変化が生じることは、電気回路では重要になること
があります。たとえば、電荷を蓄える装置であるコンデンサー（04参照）の極板
間には、不導体が挿入されています。挿入された不導体には、極板が作る電場に
よって誘電分極が起こります。このことは、コンデンサーの容量を大きくするの
に役立ちます。

　電気回路の中はブラックボックスになっていることも多いですが、静電誘導
（誘電分極）は身近なものを使って簡単に観察できます。

　布で擦って帯電させた定規を、蛇口から流れる水に近づけます。すると、もと
もと真っすぐ落下していた水が、定規に引き寄せられるように曲がります。これ
は、**水に誘電分極が起こった**からです。

水が曲がる様子

🖥️ Business トンネルの中でラジオがつながりにくい理由

　静電誘導（誘電分極）が起こらないようにするには、電場を遮蔽するしかあり
ません。

　先ほどの水が曲がっている例では、水と定規の間に金属板をはさんでやると、
水が曲がらなくなります。金属板が電場を遮蔽するため、水に誘電分極が起こら
なくなるのです。これを**静電遮蔽**といいます。

　アンテナが設置されていないトンネルの中や地下街に入ると、ラジオや携帯電
話がつながりにくくなります。これは、大地や鉄筋によって電波が遮蔽されるた
めです。静電遮蔽は、このような現象によく似ています。

04 コンデンサー

電気回路では、一時的に電荷を蓄える装置であるコンデンサーが重宝されます。
形を工夫することで、小型ながら大容量のコンデンサーが実現されています。

Point

コンデンサーの電気容量は3つの要素で決まる

2枚の金属板を接触させずに向かい合わせることで、電荷を蓄えるコンデンサーを作ることができる。

これを下図のように電源とつないで電圧をかけると、電圧に比例した大きさの電荷を蓄えることができる。

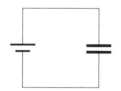

コンデンサーの電気容量はQCVの関係で決まるよ

この関係は、「$Q = CV$（Q：蓄えられる電荷　C：電気容量　V：電圧）」と表される。

コンデンサーの電気容量Cは、コンデンサーの形状や極板間にはさむ物質（不導体）の種類によって、次のように決まる。

$$C = \varepsilon \frac{S}{d} \quad (\varepsilon：極板間の物質の誘電率 \quad d：極板間隔 \quad S：極板面積)$$

さらに、コンデンサーに電荷が蓄えられているときには、エネルギー

$$U = \frac{1}{2}CV^2$$

が蓄えられることも重要である。

📖 **コンデンサーで活躍する誘電体**

カメラでフラッシュをたくときには、一気にたくさんの電流が流れます。そのようなことが可能なのは、コンデンサーに電荷を蓄え、それを放出する仕組みが

あるからです。

どのような電子機器にも、たくさんのコンデンサーが組み込まれています。たくさん組み込むためには、小型化する必要があります。ただし、小型化しても大きな電気容量を保つ必要もあります。

このために、コンデンサーではいろいろな工夫がされています。

そのひとつが、**極板面積を大きくすること**です。普通、コンデンサーでは間に誘電体をはさんだ2枚の極板をグルグル巻きにしています。そうすることで、極板面積を大きく保ちながら、コンパクトに納めることができます。

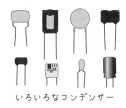

いろいろなコンデンサー

そして、**極板間にどのような物質をはさむか**が重要です。物質によって、誘電率の値がまったく異なるからです。

極板間物質の誘電率が10倍になれば、コンデンサーの電気容量も10倍となります。電気容量が誘電率に比例するわけですが、誘電率の値はたとえば右のようになっています。極板の間に何もはさまな

物　質	比誘電率 （誘電率が真空の何倍か）
空気	1.0005
パラフィン	2.2
ボール紙	3.2
雲母	7.0
水	80.4
チタン酸バリウム	約5,000

い場合より、何かをはさんだときのほうが電気容量が大きくなるのがわかります。

その中でも特に、チタン酸バリウムという物質を挿入したときには桁違いに電気容量が大きくなります。そのため、チタン酸バリウムはコンデンサーの材料としてよく使われます。このような優れた誘電体の発見が、小型ながら大容量のコンデンサーの実現には欠かせないのです。

なお、電気容量の単位には「F（ファラド）」が用いられます。電圧1Vを加えたときに1Cの電荷が蓄えられる容量を、1Fといいます。

ただ、実際には電気容量が非常に小さいことが多いので、「μF（マイクロファラド）」や「pF（ピコファラド）」という単位がよく使われます。$1\,\mu\mathrm{F} = 10^{-6}\,\mathrm{F}$、$1\,\mathrm{pF} = 10^{-12}\,\mathrm{F}$です。

05 直流回路

電気回路には、電流が一定方向に流れ続ける「直流回路」と、電流の向きが周期的に変化する「交流回路」があります。ここでは、直流回路の特徴を確認します。

Point

直流回路を考える原則はオームの法則

オームの法則

回路に電流を流すには、電圧が必要である。このとき、

$V = RI$（V：電圧　R：電気抵抗　I：電流の強さ）

という**オームの法則**が成り立つ。

電気回路について考えるときには、常にこの法則がベースになる。

A（アンペア）

電流の単位には「**A（アンペア）**」が用いられる。1 Aとは、「回路のある断面を、1 s間に1 Cの電荷が流れていくときの電流の大きさ」のことである。

回路に実際に流れているのは電子であり、電子1個の電荷をe(C)とすると、流れる電流Iは、

$I = enSv$（n：電子の数密度　S：回路の断面積　v：電子の速さ）

と表される。

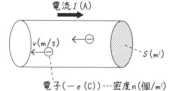

電流 I (A)

v(m/s)

S(m²)

電子($-e$(C))…密度n(個/m³)

電池がなくても電流を生み出すことができる

オームの法則は、1826年にドイツの物理学者オームによって発見されました。当時、発明されていた電池はボルタ電池くらいでした。しかも、ボルタ電池はす

ぐに電圧が下がってしまう欠点がありました。そもそも電流を発生させられなければこの法則を発見できるはずがありませんが、オームはどのようにして電流を発生させたのでしょうか。

オームが利用したのは、1822年に同じくドイツのゼーベックによって発見された熱電対による熱起電力効果（**ゼーベック効果**）です。

少し難しいですが、下の図を見てもらえば概要がつかめるかと思います。

銅とビスマスという異種の金属を接触させたものを2つ準備し、温度差を作ります。このとき右のように配線すれば電流が流れるという現象です。

ゼーベックの発見があったからこそ、オームの法則の発見も生まれたことがわかります。

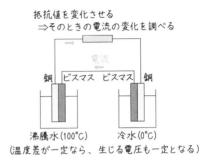

他にも工場、自動車、家庭などでの廃熱を使えば、ゼーベック効果によって発

宇宙探査機に搭載される原子力電池

ゼーベック効果は、宇宙探査機に搭載される原子力電池に応用されています。

原子力電池には、プルトニウム238などの放射性同位体（放射線を出して自然と崩壊していく元素。崩壊するときに熱を出す。半減期〈半分になるまでの期間〉が長いものを使えば、長期にわたって使用可能）が入っています。これによって生み出される熱と、宇宙空間（温度は3K〈－270℃〉で一定）との温度差を利用して発電するのです。

地球の周りを周回する人工衛星や小惑星帯（火星と木星の間）くらいまでの宇宙探査機であれば、十分な太陽光を得られるので、原子力電池ではなく太陽電池を使います。原子力電池は打ち上げ失敗や墜落などで、放射性物質を撒き散らす危険性があるからです。

しかし、これより遠くへ行く探査機では、太陽光が不十分なので原子力電池を使います。

他にも工場、自動車、家庭などでの廃熱を使えば、ゼーベック効果によって発電できます。実は、世界中で石炭・石油・天然ガスなどの化石燃料から得られる熱の約70％が、利用されない無駄な廃熱となっているのです。

06 電気エネルギー

回路に電流が流れるとき、エネルギーが消費されます。私たちは、この
エネルギーを光や熱などの形に変換して利用しています。

Point

「電力」と「電力量」を区別する

電力

　抵抗に電流が流れているとき、エネルギーが消費される。このとき、電力
Pは、「$P = VI$」（V：抵抗にかかる電圧　I：抵抗に流れる電流）と表される。

　ここで電力とは、「1 s当たりに消費されるエネルギー」を示す。

　1 Vの電圧で1 Aの電流が流れるときの消費電力を、1 Wという。「W
（ワット）」とは「J/s」という意味で、まさに1 s当たりの消費エネルギーを
示す。

電力量

　これに対して、トータルの消費エネルギーを意味するのが電力量である。
電力量Qは、「$Q = VIt$」（t：電流が流れた時間）と表される。

「kWh」を「J」に変換する

　電力の単位「W」の意味がわかると、**身近なものを使っているときにどのくら
いの電流が流れているか**、すぐに計算できるようになります。

　たとえば、電子レンジを500 Wで使っている場合を考えます。家庭の電圧は普
通100 Vです。したがって、「500 W = 100 V × I(A)」より、$I = 5$ Aと求められ
ます。

　そして、毎月の電気料金は使用電力量をもとに決まります。使用電力量は、普
通「○ kWh」と記されています。「1 kWh = 1 kW × 1 h」から、これをJを使っ
て表せば、

　　$1 \text{ kWh} = 1 \text{ kW} \times 1 \text{ h} = 10^3 \text{ J/s} \times 3600 \text{ s} = 3.6 \times 10^6 \text{ J}$

となります。

さて、水1gの温度を1℃上昇させるには、およそ4.2Jのエネルギーが必要です。1kWhというエネルギーを使えば、たとえば10^5g（約100L）の水の温度を「$\dfrac{3.6 \times 10^6}{4.2 \times 10^5} \fallingdotseq 8.6$℃」上昇させられます。

このような関係を知っておくと、自分が使っているエネルギーがどのくらいなのか、感覚的につかみやすくなるかもしれません。

Business コンセントと電池どちらがお得か？

私たちが電気エネルギーを取り出すものは、たいていの場合、コンセントか電池でしょう。いったいどちらのほうがお得なのでしょうか。

まず、乾電池について考えてみます。乾電池といってもサイズも種類もいろいろですが、ここではよく使う単3形マンガン乾電池で計算してみます。

単3形マンガン乾電池の容量（取り出せる電流の量）は、約1,000mAhです。1,000mAhとは、1,000mA（＝1A）の電流を1時間流すことができるという意味です。

乾電池の電圧は1.5Vなので、乾電池を使い切るまでに消費するエネルギーは、

1.5V×1A×1h＝1.5Wh

となります。そして、これだけのエネルギーを得るのに普通、乾電池1本が必要となります。仮に、安めに乾電池1本50円として計算しても、1Whのエネルギーを得るのに「50÷1.5≒33円」という計算になります。

では、発電所から送電されてくる電流を利用する場合はどうでしょう。電力会社へ支払う電気料金は、1kWh当たり20円くらいです。つまり、1Wh当たりにすると、「20÷1000＝0.02円」となるのです。

このように比較してみると、電池を使って電気を得ることがいかに割高であるかがわかります。

07 キルヒホッフの法則

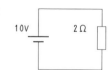
教養 ★★　　・　実用 ★★★★★　　受験 ★★★★

オームの法則を一般化してより使いやすくしたのが、キルヒホッフの法則です。これを使うと、複雑な回路でも流れる電流を求められるようになります。

Point

キルヒホッフの法則は方程式のように使うことができる

キルヒホッフの法則には、第1法則と第2法則がある。

第1法則

　回路中の任意の点については、「**流れ込む電流の和 = 流れ出す電流の和**」という関係が成り立つ。

　回路中の点に電荷が蓄えられるようなことはないので、この法則が成り立つのは当然である。川の流れにたとえると、ある一点に流れ込む水量と流れ出す水量は、常につりあっていることに相当する。

第2法則

　任意の閉じた1つの経路については、「**起電力の和 = 電圧降下の和**」という関係が成り立つ。

　起電力とは、電源が電位を高くする働きの大きさのことである。

　電圧降下とは、抵抗に電流が流れることによる電位の低下のことである。

　回路を1周すると元の高さ（＝電位）に戻るので、これが成り立つのも当然である。

📖 複雑な電気回路を考察するのに欠かせないのがキルヒホッフの法則

　たとえば、右のような単純な回路に流れる電流の大きさを求めるのなら、オームの法則だけで十分です。

$$10\,\mathrm{V} = 2\,\Omega \times I(\mathrm{A})$$

より、$I = 5\,\mathrm{A}$ と求められます。

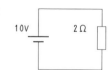

しかし、左下の図のように複雑な回路になったらどうでしょう。オームの法則だけではお手上げです。

このようなときには、**キルヒホッフの法則**を使って計算します。まずは、右下の図のように電流を設定します。

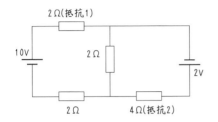 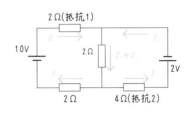

ここで、キルヒホッフの第1法則を使うのと同時に、電流の向きが不明な場合は**適当に決めてしまう**のがポイントです。それは、この段階で悩んでもどうせわからないからです。

適当に設定した電流の向きが仮に間違っているとします。その場合は、電流値が負の値として求められます。そのときに、「設定した向きが間違っていたんだ」と気づけばよいわけです。

さて、上のように電流値を設定したら、

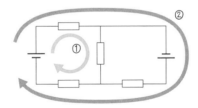

という2つの閉じた回路について、それぞれキルヒホッフの第2法則を考えます。

　　回路①について：$10 - 2I_1 - 2(I_1 + I_2) - 2I_1 = 0$

　　回路②について：$10 - 2I_1 + 2 - (-4I_2) - 2I_1 = 0$

のようにそれぞれ書けるので、これを解いて

　　$I_1 = 2\,\mathrm{A}$　　　$I_2 = -1\,\mathrm{A}$

　　（$I_2 < 0$なので、電流の向きの設定が間違っていたことがわかります）

と求められます。

107

08 非直線抵抗

「抵抗にかかる電圧と流れる電流が比例する」ことを示すのが、オームの法則です。これが成り立つ前提は、抵抗値が一定であることですが、流れる電流の大きさによって抵抗値が変化してしまうものもあります。

👆 Point

流れる電流が大きくなるほど、抵抗値が大きくなる

抵抗値が常に一定の場合、抵抗に流れる電流 I と電圧 V の関係は、右上のように描くことができる。

しかし、たとえば電球のフィラメントについて電流 I と電圧 V の値を測定すると、右下のような関係になることがわかる。このような抵抗を**非直線抵抗**という。

非直線抵抗において電流 I と電圧 V が比例しないのは、流れる電流 I によって抵抗値が変化するからである。

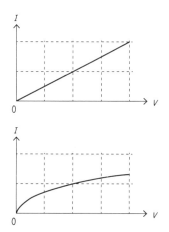

抵抗に電流が流れると、抵抗の温度が上がる。すると、電流（電子の流れ）を妨げる働きのある陽イオンの熱振動が激しくなり、抵抗値が大きくなる。

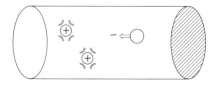

📖 抵抗値の変化を考慮して、実際の電流値を求める

抵抗値が温度によって変化してしまうのは厄介です。そのような抵抗を回路に組み込んだとき、どれだけの電流が流れるのか求めるのが大変になります。しか

し、回路設計をする上でその計算は欠かせません。どのようにすれば、非直線抵抗に流れる電流を求められるのでしょうか。

次のような例で考えてみます。

下図のように、電圧Eの電池、抵抗値Rの抵抗、およびグラフのような電流-電圧特性を持つ電球を接続する。このとき、電球に流れる電流を求めよ。

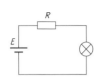
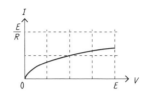

このような場合には、まずは「**非直線抵抗の電圧をV、流れる電流をIと設定する**」のがポイントです。

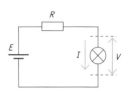

すると、VとIの関係を式で表せるようになります。この場合、抵抗Rに流れる電流も同じくIなので、キルヒホッフの第2法則から、「$E = RI - V$」

と表せます。

最後に、この式をグラフに表します。この式は、

$$I = -\frac{V}{R} + \frac{E}{R}$$

と変形できるので、右のようにグラフで表せることがわかります。

回路中に組み込まれた電球は、与えられたグラフとこのグラフの両方の関係を満たすはずです。2つのグラフの関係を同時に満たすVとIの値は、両者の交点として求められます。

よって、電球を流れる電流は$\dfrac{E}{2R}$と求められます。

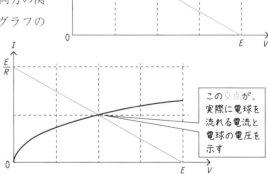

この交点が、実際に電球を流れる電流と電球の電圧を示す

09 電流が作る磁場

電流が流れている導線の近くに方位磁針を置くと、針が動きます。これ
は、電流がその周りに磁場を作るからです。

Point

電流の形によって作られる磁場の形が変わる

電流が作る磁場の向きと大きさは、電流が流れる導線の形によって次のよ
うに違いがある。

● 直線電流が作る磁場

$$H = \frac{I}{2\pi r}$$

（r：電流からの距離　I：電流の大きさ）

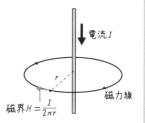

● 円形電流が作る磁場

$$H = \frac{I}{2r} \quad （r：円の半径）$$

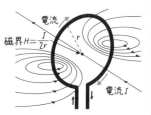

● ソレノイド（円筒状に巻いたコイル）を流れる
　電流が作る磁場

$$H = nI$$

（n：ソレノイドの単位長さ当たりの巻き数）

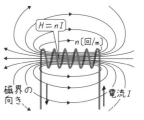

地球の内部を知る方法

冷蔵庫にメモ用紙を貼り付けるために使う磁石や、電化製品の中のモーターや

発電機などに用いられる磁石など、私たちの身の回りではたくさんの磁石が利用されています。そして、その中でも特に私たちが常に触れ合っている磁場があります。**地球の作る磁場**です。

地球上に水平に置かれた方位磁針は、必ず一定の方向を向きます。これは、地球に強力な磁場があるからです。しかし、いったいどこからこのような磁場は生まれているのでしょうか。

世の中には、電流以外に磁場を作るものはありません。たとえば、フェライト磁石などの永久磁石では、それを構成する原子の中で電子が動いています。これが電流と同じ働きをして、磁場を生み出すのです。

では、地球の磁場のもとは何でしょう。これもやはり電流であるはずなのです。つまり、地球に磁場が存在することは、地球内部に電流が流れていることの証拠になっているのです。

地球の内部は、右のようになっていると考えられています。

地球の中心部には、大量の鉄があると考えられています（地球の全質量の3分の1は鉄）。鉄は金属なので電流を流すことができます。この電流が、地球を巨大な磁石にしているわけです。

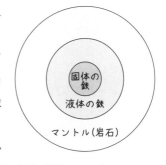

もう少し正確にいえば、このことは磁場の存在から間接的に理解されているにすぎません。地球内部が金属（鉄）でできていることは、人間が実際に観測して確かめたことではありません。今までに人類が実際に掘り進められた深さは、約10kmだけなのです。地球の半径は約6,400kmですから、1％も掘り進められていないことになります。

実は、長いこと人間が暮らしてきた地球ですが、その内部は人間にとってまだまだ未知の世界です。しかし、磁場は電流によって生じるものだという電磁気学が、地球の内部について教えてくれるというわけです。

ちなみに、約10時間という短い周期で自転する木星には、非常に強い磁場が存在することがわかっています。自転のスピードが速ければ、自転によって生じる電流が大きくなるからでしょう。逆に、周期約244日で自転する金星の磁場は、地球の約2,000分の1の強さしかないそうです。

10 電流が磁場から受ける力

電流が作り出す磁場は、電流に力を与えます。磁石のそばに置いた導線に電流を流せば力を受け、電流を切ると力を受けなくなります。

👆Point

電流が磁場に直交する向きに流れないと力を受けない

磁場のあるところで電流が流れると、電流は磁場から力を受ける。その向きは次のようになり、

大きさは、

$F = IBL$（I：電流の大きさ　B：磁束密度　L：磁場中の導線の長さ）

と求められる。

ここで、電流と磁場がなす角がθのとき、電流が受ける力の大きさは、

$F = IBL \sin\theta$

となる。図では、$\theta = 90°$であり、$\sin\theta = 1$を代入したのが上の式である。

また、$\theta = 0°$の場合は$F = 0$となる。つまり、磁場と平行に流れる電流は力を受けないことになる。

なお、磁束密度Bと磁場Hとの間には、「$B = \mu H$（μ：透磁率）」という関係がある。

📖 電流が磁場から受ける力を強力な推進力として利用する

電流が磁場から受ける力は、いろいろなところで活用されています。ここでは、2つの例を紹介します。

　日本で開発された世界初の電磁推進船である「ヤマト1」は、1992年に進水して海上航行実験に成功しました。質量185トン、全長30 m、幅10.39 mという大きさのアルミ合金製の船で、最大速度は約15 km/hです。現在は、神戸海洋博物館に展示されています。

　電磁推進船とは、どのようなものなのでしょうか。次の図で説明します。

　この図は模式的なものですが、ポイントは**海水中に磁場を加えること**と、**海水に電流を流すこと**です。電流は磁場から力を受けます。この図の場合は、左向きの力です。

　このとき、船の内部にある水は左向きに押し出されます。しかし、船と水とをあわせた全体の運動量は最初の0のまま変化しません（外力を受けないため）。よって、船は右向きに動き出すことになるのです。

　このような仕組みで推進力を生み出す船が、電磁推進船です。

11 電磁誘導

コイルの近くで磁石を動かすだけで、コイルには電流が流れるようになります。
これは、1831年にイギリスのファラデーが発見した電磁誘導という現象です。

Point

"変化する"磁場が電圧を生む

コイルの近くで磁石を動かしたとき、コイルには次のような向きと大きさ
の電圧（**誘導起電力**）が生じる。

①コイルを下向きに貫く　→　②その変化を打ち消すには、→　③②のように磁場を作るため、
　磁場が増える　　　　　　　上向きの磁場を作ればよい　　　上のように電流が流れる

誘導起電力の大きさ $V = N\dfrac{\Delta\Phi}{\Delta t}$

（$\Delta\Phi$：磁束の変化　Δt：磁束の変化にかかる時間）

このような現象を**電磁誘導**という。なお、磁束 $\Phi = BS$（B：磁束密度　S：
コイルの面積）である。

また、磁場の中を導体棒が横切るときにも、
導体棒に誘導起電力が生じる。

このとき、誘導起電力 $V = BLv$

📖 **活躍する渦電流**

磁場の中で金属板を動かしたり、金属板の近くの磁場を変化させたりすると、
金属板には誘導電流が生じます。この誘導電流は渦を巻くように流れるので、**渦
電流**と呼ばれます。

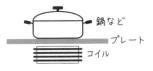

　渦電流は、身の回りのいろいろなところで利用されています。たとえば、IH調理器（Induction Heating：電磁誘導による加熱）です。

　コイルに電流を流すと、コイルが電磁石になって磁場が生まれます。コイルに流す電流を変化させれば、生じる磁場も変化します。すると、磁場の変化によって電磁誘導が起こり、鍋の底に渦電流が生じます。

　鍋の底に電流が流れるとジュール熱が発生し、これを利用して調理できます。このとき、コイルにはインバーターによって2万Hzほどの高周波に変換された交流が流れます。そのため、渦電流の発生回数が非常に多くなり、加熱効率を高められます。

　鍋が鉄などの強磁性体でできていると、電磁誘導が起こりやすくなります。つまり、銅やアルミニウムに比べて、IH調理器に向いていることになります。

　IH調理器にはオールメタルタイプと通常タイプがあります。オールメタルタイプでは周波数を3倍程度にしているので、発熱効率が上がり、強磁性体でない銅やアルミニウムの調理器も使えます。しかし、やはり熱効率は低くなります。通常タイプは、強磁性体の調理器でしか使えません。

　また、土鍋やガラス製の調理器など、電気を通さないものはどちらのタイプでも使用不可です。さらに、素材に関係なく底が平らでない鍋は渦電流が発生しにくく、発熱効率が下がってしまいます。

Business　電車のブレーキの仕組み

　右のような電磁ブレーキでも渦電流が活躍します。

　このような構造が、電車で利用されています。図中のシャフトは車輪と連結しているので、車輪が回転するとシャフトも一緒に回転します。このとき、電磁石を作動させます。すると、シャフトに取りつけられたドラムに渦電流が発生します。渦電流は、電磁石から回転を妨げる向きに力を受けるので、この仕組みはブレーキとして作用するのです。

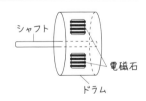

12 自己誘導と相互誘導

コイルに流れる電流が変化するとき、コイル自身にその変化を打ち消そうとする誘導起電力が生じます。この現象は自己誘導と呼ばれます。

Point

自分で自分の変化を打ち消そうとするのが自己誘導

コイルに一定の電流が流れていれば誘導起電力は生じないが、電流が変化するときには、下図のように誘導起電力が生じる。いずれの場合も、自分自身の変化を打ち消そうとしていることがポイントである。

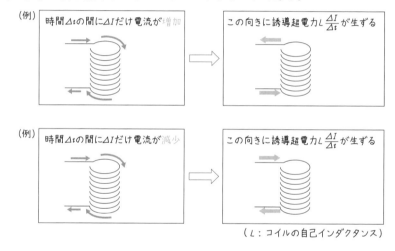

（例）時間Δtの間にΔIだけ電流が増加　→　この向きに誘導起電力$L\dfrac{\Delta I}{\Delta t}$が生ずる

（例）時間Δtの間にΔIだけ電流が減少　→　この向きに誘導起電力$L\dfrac{\Delta I}{\Delta t}$が生ずる

（L：コイルの自己インダクタンス）

📖 回路にコイルを組み込むことで、急激な電流の変化を抑える

コイルの自己誘導は、**電流の急激な変化を妨げるように生じる**ことがわかります。

回路にコイルを組み込むと、電流が急に変化するのを防ぐことができます。たとえば、コイルがなければ回路のスイッチを入れた次の瞬間に大きな電流が流れます。しかし、コイルがあることで徐々に電流を大きくできるのです。

下図の回路では、電流が右のように変化します。

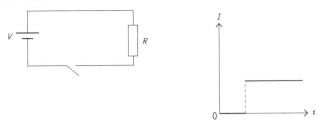

一方、下図の回路では、電流は右のように変化します。

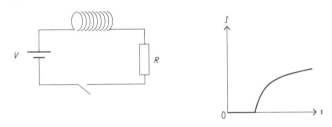

また、複数のコイルの間で**相互誘導**という現象が起こることもあります。

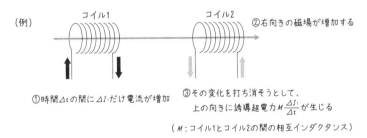

この例のように、ある1つのコイルに流れる電流が変化することで、隣のコイルに誘導起電力が生じる現象です。

相互誘導は、交流回路の電圧を変化させるのに活躍します。具体的には、変圧器という装置で利用されています（**15**で詳しく説明します）。発電所で生み出した電気を工場や家庭まで送るのに、変圧器はなくてはならない存在です。これに相互誘導が関わっているのです。

13 交流の発生

発電所で生み出される電流は交流です。このことは、発電機で電流が
生み出される仕組みがわかると理解できます。

Point

ほとんどの電流は電磁誘導によって生み出されている

　下図のように、いくつかコイルを置いてある中で磁石を回転させる。する
と、コイルでは**電磁誘導**が起こり、誘導電流が発生する。

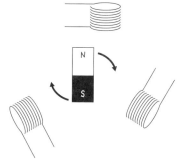

　このとき、コイルに対して磁石が近づいてくる瞬間と遠ざかっていく瞬間
とでは、誘導電流の向きは逆になる。つまり、コイルに生じる電流は絶えず
向きが変化し続ける「**交流電流**」である。これは、交流が発生する仕組みで
ある。

発電所を支えるのは電磁誘導

　私たちが利用するほとんどの電流は、発電所で生み出されたものです。発電所
には、火力発電所・水力発電所・原子力発電所などの種類があります。その違い
は、**エネルギー源**にあります。

　火力発電所では、石炭・天然ガス・石油など、化石燃料を燃やしてエネルギー
を得ています。水力発電所だと、水の落下によって発生するエネルギーです。原
子力発電所では核分裂のエネルギーを利用します（Chapter 4の07参照）。

このように、発電の種類によってエネルギー源が異なります。しかし、どの発電所でも発電機を使って発電する点は共通です。発電機を回すためのエネルギー源が違うだけです。

このようなことが理解できると、私たちがいかに電磁誘導のお世話になっているかがわかると思います。電磁誘導がなければ、現代生活は成り立ちません。

ところで、電磁誘導を発見したのはイギリスのファラデーという人です。1831年のことです。そのような人だから、さぞかし優秀な科学者だったと思われるでしょう。もちろん、ファラデーは偉大な科学者です。ただし、生まれは貧しく、決して恵まれた環境で学問に打ち込めたわけではなかったそうです。

Introductionでも紹介したように、ファラデーは、数学を十分に学んだわけではありません。それまで数学を十分に学べていなかったことは、科学者として致命的ともいえることでした。それでも、ファラデーはひたすら"実験"に取り組んだのです。そして、失敗を繰り返しながらもチャレンジを続ける中で、電磁誘導をはじめとして多くの発見をしたのです。

📖 アラゴの円盤

ファラデーの発見が発電機へと応用されるヒントとなったのは、1824年にフランスのアラゴが考案した**アラゴの円盤**です。

右図のように、磁石を回転させると円盤もそれと同じ方向に回転します。これは、電磁誘導によって円盤に渦電流が生ずるために起こる現象です。ファラデーは、これを少しアレンジしたのです。

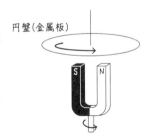

円盤(金属板)

アラゴの円盤では磁石を回転させますが、この磁石を固定します。そして、円盤を手回しで回転させます。すると、同じように円盤に渦電流が生じるのです。これを取り出して電流として利用しようというのが、ファラデーが考えた発電機です。実にシンプルな仕組みによって電気を生み出せることがわかります。シンプルであるが故に、偉大な発見といえます。

14 交流回路

交流回路では、直流回路ではあり得ない特徴が生まれます。それは、電圧と電流の位相が一致しないという関係です。

> **Point**
>
> ## 電流の位相が電圧よりも進んだり遅れたりする

交流回路では、抵抗・コイル・コンデンサーといった回路素子が利用される。これらには、次のような特徴の違いがある。

抵抗

右のように、抵抗では電流と電圧の位相は同じである

$V_0\sin\omega t$　R　$I=I_0\sin\omega t\ (I_0=\dfrac{V_0}{R})$

位相が同じとは、たとえば電圧が最大になる瞬間に電流も最大になる、というように変化のタイミングが一致することである。当然のことと思うかもしれないが、コイルやコンデンサーでは位相は一致しない。

コイル

右のように、コイルでは電流の位相は電圧より $\dfrac{\pi}{2}$ だけ遅れている

$V_0\sin\omega t$　L　$I=I_0\sin(\omega t-\dfrac{\pi}{2})\ (I_0=\dfrac{V_0}{\omega L})$

コイルでは、自分で自分の変化を妨げる自己誘導が起こる。その影響で、大きな電圧がかかってもすぐには電流が大きくなれない。つまり、電圧に対して電流の位相（変化のタイミング）が遅れているのである。

コンデンサー

右のように、コンデンサーでは電流の位相は電圧より $\dfrac{\pi}{2}$ だけ進んでいる

$V_0\sin\omega t$　C　$I=I_0\sin(\omega t+\dfrac{\pi}{2})\ (I_0=\omega Cv_0)$

コンデンサーが空っぽの状態だと、電流は最も勢いよく流れる。つまり、電圧が0（空っぽ）の段階で電流は最大になるのである。これは、電圧に対して電流の位相が進んでいることを示している。

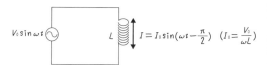

📖 東と西で周波数が違う理由

　世界中で、送電は交流によって行われています（直流ではなく交流を採用している理由については、次節で説明します）。その周波数は、国や地域によって違いますが、50 Hzか60 Hzのどちらかです。

　「Hz」は「回/s」という意味なので、たった1秒間に50回または60回も電流の向きが切り替わっているということです。想像しがたいスピードだとわかると思います。

　世界の多くの国では、50 Hzか60 Hzに周波数が統一されています。しかし、日本の場合は、東日本は50 Hz、西日本は60 Hzという形で周波数が混在しています（他にも中国やインドネシアなど混在している国はありますが、少数派です）。どうしてそのようになっているのでしょうか。それには、歴史的な理由があります。

　明治時代、東京電燈社（現在の東京電力）はドイツのシーメンス社から交流発電機を輸入して、火力発電所を設立しました。これが50 Hzの発電機だったのです。以来、関東では50 Hzの交流が使用されるようになりました。

　一方、大阪電燈社（現在の関西電力）はアメリカのGE社から60 Hzの交流発電機を輸入しました。だから、関西では関東と違い、60 Hzの交流を使用するようになったのです。

　東と西で周波数の異なる発電機を使用し始めたのは100年以上も昔のことなのですが、それが今日まで続いているのです。日本全国でどちらかに統一しようという動きもあるのですが、そのためには電力会社の発電機や変圧器の交換、工場などのモーターや自家発電機の交換など、膨大なコストがかかります。つまり、事実上困難と判断されているのです。

　歴史的な経緯が、私たちの現在の生活につながっていることがわかります。歴史が違っていたら、現代の生活がもっと便利だったかもしれませんし、その逆かもしれません。そう考えると面白いですね。

15 変圧器と交流送電

発電所で生み出される電力は、ほとんどの場合、交流によって送電されています。その理由は、交流であれば簡単に変圧できることにあります。

Point

コイルの巻き数を変えるだけで、電圧を変えることができる

相互誘導（12参照）を利用すると、交流の電圧を変えることができる。

交流の変圧を行う変圧器は、次のような仕組みになっている。

1次コイルに交流電流を流すと、相互誘導によって2次コイルに交流電流が生じる。このとき、1次コイルの電圧と2次コイルで発生する電圧との間には、

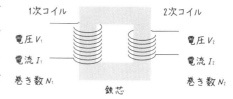

$$V_1 : V_2 = N_1 : N_2$$

という関係がある。すなわち、コイルに生じる電圧はコイルの巻き数に比例する。

さらに、変圧器においては、次のように電力が保存されることも重要である。

$$V_1 I_1 = V_2 I_2$$

📖 高電圧にして送電ロスを小さくする

世界中で、送電には直流ではなく交流が採用されています。交流には、どのようなメリットがあるのでしょうか。

交流送電が選ばれるようになったのには歴史があります。1879年、エジソンは白熱電球を発明しました。そして、各家庭で電球を使えるようにするため、ニューヨークで電線を引く事業を始めました。このときの送電方式は直流でした。

しかし、直流送電に異議を唱える人物がいました。エジソンの部下であったテスラです。テスラは交流で送電すべきだと主張しました。交流には2つのメリッ

トがあるからです。

ひとつは、**変圧器を使って電圧を変換できること**です。電線を通して長い距離を送電すると、どうしても電力ロスが生じてしまいます。しかし、高電圧で送電すると、そのロスを小さくできるのです。そこで、現在の送電は次のように行われています。

高電圧での送電が電力ロスを少なくする理由は、次のように理解できます。変圧器で交流が変圧されるとき、電力は保存されます。すなわち、高電圧にするほど流れる電流を小さくできるのです。

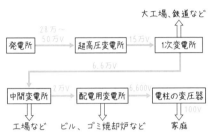

電線での消費電力は、RI^2（Rは電線の抵抗）と表されます。ここから、流れる電流が小さいほど、電力ロスが小さくなることが理解できます。

電圧を変換できるのは、交流だからです。直流では変圧が簡単にはできません。そのため、直流で送電すると電線での電力消費が大きくなってしまうのです。

さらに、交流には**交流モーターを使える**というメリットもあります。交流モーターは直流モーターと違って、ブラシや整流子が必要ありません。直流モーターではブラシと整流子の間で摩擦が生じるため、定期的に交換する必要があります。

また、直流モーターの場合は電圧を変えないと回転数を変えられません。しかし、交流モーターなら周波数を変換することで回転数を制御できます。

モーターの回転数は周波数で決まるため、上のような装置でモーターの回転数を制御できるのです。掃除機、エアコン、冷蔵庫などの強弱の調整はこの仕組みで行われています（「インバーターエアコン」とは、強弱を調整できるエアコンのことです。これがなかった時代は、エアコンのスイッチにはON／OFFしかありませんでした）。

このような2つのメリットがあるため、交流送電に軍配が上がったのです。交流を主張したテスラはエジソンと袂を分かち、ウェスティングハウス社の創設に携わりました。ちなみに、エジソンが築いたのがGE社です。

16 電磁波

マクスウェルは、電磁気学の成果をもとに、電磁波の存在を予言しました。それを実験によって確かめたのがヘルツです。現代生活は、電磁波の利用なしには成り立ちません。

電場と磁場の変動が伝わっていくのが電磁波

電磁波は、次のような装置で発生させることができる。

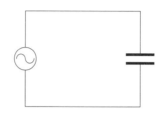

　回路には交流電流が流れるため、コンデンサーの電荷は絶えず変化する。そのため、コンデンサーの極板間の電場は変動を繰り返す。このような振動する電場は、周囲に振動する磁場を生じることになる。

　さらに、振動する磁場は周囲に振動する電場を作る。

　このようなことが続いて、振動する電場と磁場が空間に広がっていく。これが電磁波である。

　電磁波は光の速さで伝わることが予言され、実験によって確かめられた。このことから、光（可視光）は電磁波の一部であることが明らかになった。

名　称	波　長	周波数
VLF（超長波）	10～100 km	3～30 kHz
LF（長波）	1～10 km	30～300 kHz
MF（中波）	100 m～1 km	300～3,000 kHz
HF（短波）	10～100 m	3～30 MHz
VHF（超短波）	1～10 m	30～300 MHz
UHF（極超短波）	10 cm～1 m	300～3,000 MHz
SHF（センチ波）	1～10 cm	3～30 GHz
EHF（ミリ波）	1 mm～1 cm	30～300 GHz
サブミリ波	100 μm～1 mm	300～3,000 GHz
赤外線	770 nm～100 μm	3～400 THz
可視光線	380～770 nm	400～790 THz
紫外線	～380 nm	790 THz～
X線	～1 nm	30 PHz～
γ波	～0.01 nm	3 EHz

電波（マイクロ波）は UHF・SHF・EHF・サブミリ波の範囲を指す。

電磁波に支えられている現代生活

電磁波の活用例を、いくつか紹介します。

まずは、テレビ放送です。アナログ放送時代には、VHF（超短波）帯の90〜220 MHzの電波と、UHF（極超短波）帯の470〜770 MHzの電波を使っていました。しかし、VHF帯とUHF帯の電波は携帯電話でも使用するので、携帯電話の普及に伴ってこの帯域が大変混雑してきました。

そこで、テレビ放送に使う電波の周波数帯をコンパクトにする目的もあり、デジタル放送へ移行しました。デジタル放送となったことで、使用する電波はUHF帯の470〜710 MHzに収まるようになりました。これにより、空いた帯域を携帯電話などで利用することが可能となったのです。

ところで、デジタル放送はアナログ放送と何が違うのでしょうか。アナログとは「連続している（つながっている）こと」を、デジタルとは「離散している（とびとびの値である）こと」を表します。アナログ時計とデジタル時計を思い出してもらえればわかると思います。電波では、次のようになります。

アナログ波

デジタル波

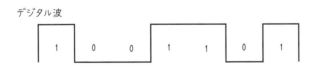

では、デジタル放送では上のようなデジタルな波を使っているのでしょうか。実はそうではありません。デジタル放送といえど、使用しているのはアナログ波です。**アナログ波を使って、デジタルな情報を送っているのです。**

デジタルな情報とは、2進法の「0」もしくは「1」という情報です。次ページのようなルールを決めることで、アナログ波によってデジタル情報を伝えることができるのです。

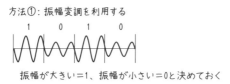

方法①: 振幅変調を利用する

振幅が大きい＝1、振幅が小さい＝0と決めておく

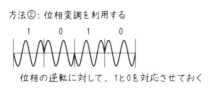

方法②: 位相変調を利用する

位相の逆転に対して、1と0を対応させておく

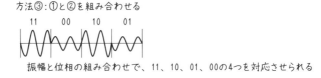

方法③: ①と②を組み合わせる

振幅と位相の組み合わせで、11、10、01、00の4つを対応させられる

　これが、アナログ波によってデジタル情報を伝えるデジタル放送の仕組みです。

　なお、次のように位相のずれのパターンを増やすことで、対応させる情報をさらに増やすことができます（たとえば111から000までの8通り）。しかし、誤受信が増えてしまうというデメリットもあります。

　デジタル放送では、**圧縮技術**も利用されています。画像情報をその都度すべて送っていたのでは情報量が膨大になってしまうので、前画面から次画面で変化している部分の情報のみを送る方法です。これによって情報がかなりコンパクトになります。

　ちなみに、テレビ放送で使用する電波の周波数は、ラジオの周波数より大きいです。ということは、ラジオの電波より波長は短く、回折の度合いはより小さくなります。アンテナが高いビルなどの陰に隠れるとうまく受信できないのは、このような理由によります。

　ケーブルによる情報伝達であれば、電圧のオンとオフや、光の点滅を使うこと

でデジタルデータを伝えることができます。電波で情報を伝えるときにはこのようなことは難しいので、今回紹介したような工夫をしているのです。

Business　ラジオの国際放送における電波の活用

　別の例として、ラジオの国際放送における電波の活用を紹介します。

　地球の上空には、電離層というエリアがあります。これは、太陽光線や宇宙線（宇宙からやってくる放射線）によって、大気中の原子や分子がプラズマ状態（原子から電子がはじき出されて、陽イオンと電子が混ざっている状態）になった大気層のことです。電離層はいくつかの階層に分かれているのですが、電波はそれぞれ次のように電離層で反射します。

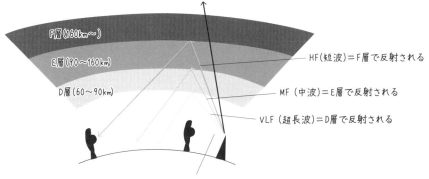

VHF帯、UHF帯などはエネルギーが大きい（周波数が大きい）ため透過する

F層(160km〜)
E層(90〜160km)
D層(60〜90km)

HF(短波)＝F層で反射される
MF（中波）＝E層で反射される
VLF（超長波）＝D層で反射される

直接届く電波：近距離にしか届かない

　ここからわかるように、F層で反射するHF（短波）が最も遠くへ届きます。そのため、国際ラジオや船舶無線、アマチュア無線など、遠距離通信にはHFが利用されているのです。

　実際には、F層で反射した電波が地表で反射し、それがまたF層で反射してのように何度も反射を繰り返しながら世界中へ伝わっていきます。

　ちなみに、E層で反射するMF（中波）は、D層でほとんど吸収されてしまいます。そのため、基本的には地表を伝わる電波として、AMラジオなどで使われています。ただし、夜間はD層が消えるので、E層で反射して遠くまで届きます。夜間に遠くの放送局の電波を受信できることがあるのはこのためです。

周波数の変換

　東日本大震災の後、特に東京電力管内での電力不足が問題となりました。各企業や家庭の節電努力により大規模停電を免れたのですが、このとき話題になったのが電力会社間での電気の融通です。

　たとえば、東京電力で電気が足りないなら、中部電力などから電気を送ればよいのですが、ネックになるのが周波数の違いです。東京電力は50 Hz、中部電力は60 Hzです。周波数が違えば、そのまま電気を送ることはできません。そこで、東京電力エリアと中部電力エリアの境界付近に、いくつかの周波数変換所が設置されています（長野県と静岡県）。ここで周波数変換が行われ、電気を融通し合えるようになっています。大きい周波数変換所が3箇所あり、変換可能な電力の合計は約120万 kWです。しかし、東京電力の電力供給力は4,000万 kW強なので、融通できる量は限定的だとわかります。

　周波数変換所では、次のように周波数を変換しています。

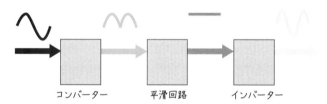

　コンバーターとは、交流を直流に変換する装置です。しかし、コンバーターでは交流の−側を＋側に反転させるだけで、一定の電圧の直流にすることはできません。そこで、平滑回路を使います。平滑回路は、直流の電圧を一定にする装置です。

　さらに、インバーターといっ直流を交流にする装置を使います。このとき、インバーターでは自由な周波数に変換できます。

　このような順序で、周波数の変換が行われています。

物理編
量子力学

　ここまで解説してきた力学から電磁気学までは、19世紀までに確立された学問です。そして、電磁気学の完成によって物理学は完成し、すべての現象が説明可能だと考えられました。

　しかし、20世紀に入るとそうではないことに人類は気づきました。19世紀までの物理学では説明できない現象が見つかったからです。それは、人間の眼では見ることのできない**ミクロな世界における現象**です。

　具体的な内容は本章で紹介しますが、力学から電磁気学までで説明できるのは、マクロな世界の現象なのです。私たちが日常的に扱うのは、マクロな世界です。そういう意味では、電磁気学までの物理学があれば、日常生活を送る上で不自由はありません。

　ミクロな世界を探求するために20世紀になってから登場したのが、**量子力学**です。量子力学は、私たちの常識的な感覚をもってすると理解しがたく感じます。高校物理の最後に量子力学を学び、何だかよくわからないまま終わってしまった記憶のある方も多いと思います。そこには、このような原因があるのです。

　量子力学を理解するには、量子力学の特徴をざっくり捉えておくことが有効です。量子力学では、

- **エネルギーはとびとびの値しか取ることができない**
- **光は波動であるが、粒子としても振る舞う**
- **物質は粒子であるが、波動としても振る舞う**

という3つのことがポイントとなります。ただし、どれも感覚的には受け入れがたいでしょう。そういった量子力学が確立された背景には、数々の実験があるのです。いずれも、実験に裏付けられた真理です。不思議な世界を旅する気分で、量子力学を味わってもらえればと思います。

教養として学ぶには

　量子力学で明らかになる事柄は、私たちからは「不思議」としか感じられないことばかりです。だからこそ難しく感じて苦手にしてしまう人が多い分野であるのも事実です。

　ただ、逆にいえば「不思議」を感じ続けながら学ぶことができるのが、量子力学という学問です。日常とはかけ離れた世界に没頭しながら思考を巡らせるのは、楽しいひとときといえます。

仕事で使う人にとっては

　量子コンピュータは、これからの発展が期待されるところです。量子力学を使った暗号技術など、新たな技術の誕生に量子力学が活躍します。

受験生にとっては

　入試での配点は高くありませんが、最近は増加傾向にあります。勉強しにくい分野であるだけに苦手とする人ばかりです。そのため、入試では基本的な問題しか出題されません。勉強すれば必ず得点できるようになります。

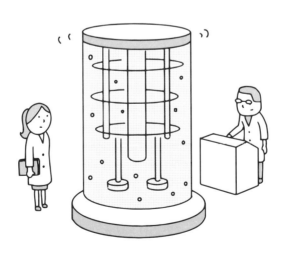

01 陰極線

電気回路を流れているものの正体は、マイナスの電気を持った電子です。
電子の存在が発見されるきっかけとなったのが陰極線です。

Point

陰極線は電場や磁場によって曲げられる

陰極線

　ガラス管内の気圧を下げて、数千Vの高電圧を加えるときに発生するのが
陰極線である。

　陰極線には、次の性質がある。

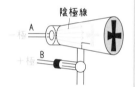

- 物体によって遮られ影ができる（直進性がある）
- 負の電荷を運ぶ
- 電場や磁場によって、軌道を曲げられる
- 当たった物体の温度を上昇させる（エネルギーを
  運ぶ）

電子

　陰極線についていろいろな実験が行われた結果、その正体は負の電荷を
持った粒子であることが明らかになった。現在は**電子**と呼ばれている。

　電子の電気量の絶対値は、「$e = 1.602176620 \times 10^{-19}$C」であることが
わかっている。この値は、物体が持つ電気量の最小単位となるため、**電気素
量**と呼ばれる。

電気素量が求められた歴史

　陰極線の性質を最初に明らかにしたのは、イギリスの**J.J.**トムソンです。トム
ソンは、陰極線に垂直な方向へ電場や磁場をかける実験を行いました。

陰極線の電場による曲がり具合を調べることで、**陰極線が電場からどのくらいの静電気力を受けるか**が求められます。ただし、曲がり具合は質量によっても変わります。質量が大きいほど曲がりにくくなります。

したがって、ここからわかるのは**比電荷**と呼ばれる次のような値です。

$$\frac{e}{m} = 1.758820024 \times 10^{11} \text{C/kg}$$

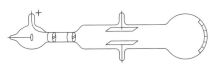

なお、曲がり具合は実際には電子の初速によっても変わります。それを測定するために、磁場を加えた実験も行うのです。電子が磁場から受ける力の大きさは、電子の速さに比例するからです。

トムソンによる実験の様子

電気素量の発見

電子の電気量は、アメリカのロバート・ミリカンの実験によって求められました。

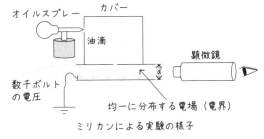

ミリカンは、帯電させた油滴を電場の中に落下させ、その運動を調べました。帯電した油滴が電場から受ける静電気力は、油滴の重力と空気抵抗の和とつりあいます。

ミリカンによる実験の様子

この関係から、油滴の電気量を求めることができます。

ミリカンは、多くの油滴について電気量を求めました。すると、その値は必ずある値の整数倍になっていることがわかったのです。このことから、電気量には最小単位があることがわかり、その値は$1.602176620 \times 10^{-19}$Cだったのです。

これこそが**電気素量**であり、電子の持つ電気量そのものであることが明らかになりました。

そして、「$\frac{e}{m} = 1.758820024 \times 10^{11}$C/kg」へ「$e = 1.602176620 \times 10^{-19}$C」を代入することで、電子の質量は、「$m = 9.10938356 \times 10^{-31}$kg」であることも明らかになったのです。

02 光電効果

金属板に光を当てるだけで、電子が飛び出すことがあります。これは光電効果と呼ばれる現象で、この発見から光には粒子としての性質があることが明らかになっています。

Point
光電効果は、光が粒子性を持つ証拠

　亜鉛板を載せた箔検電器に負の電荷を与え、箔を開いた状態にする。この亜鉛板に紫外線を当てると、箔が急に閉じる。箔が閉じるのは、負の電荷が消失したからである。そのようになるのは、紫外線を当てることで亜鉛板から負の電荷を持った電子が飛び出すためである。これを**光電効果**という。

負に帯電しているため箔が開く

紫外線を当てる

紫外線

光電効果により、電子（負電荷）が飛び出して箔が閉じる

光電効果が起きる要因

- 光電効果は、照射する光の振動数がある値（＝ 限界振動数）以上でないと起こらない
- 光をいくら強くしても、限界振動数より振動数が小さな光では光電効果は起こらない

その理由は、次のように理解できる。

> 光は光子と呼ばれる粒子の集合であり、1個の光子は大きさ$h\nu$のエネルギーを持っている（h：プランク定数　ν：光の振動数）。
> ↓
> 金属板の中の電子は、光子1個からエネルギーを受け取ることができる。その大きさが金属の仕事関数（電子が金属を飛び出すのに必要なエネルギー）を超えていれば光電効果が起こるが、超えていなければ光電効果は起こらない。

📖 暗い星でも見つけられる理由

夜空を見上げると、明るい星であろうが暗い星であろうが、すぐに見ることができます。暗い星は見つけるのが大変ということはほとんどありません。どうしてでしょうか。

実は、この現象も**光が粒子性を持つ**と考えると納得できます。網膜の視細胞は、光を受け取ると脳へ信号を送ります。ただし、信号を発信するには 1 eV 程度のエネルギーを受け取って活性化される必要があります。

眼のレンズには、星からやってきた弱い光を網膜上の狭い領域へ集める働きがあります。しかし、もしも光が波としての性質（波動性）しか持っていなかったら、そのエネルギーは多数の細胞に分散されてしまうため、細胞が活性化されるのに時間がかかってしまうことになります。

しかし、実際にはすぐに活性化されます。それは、光が粒子性を持っているためです。光子1個には数 eV のエネルギーがあります。光が粒子である限り、このエネルギーは分散されずに1つの細胞へと渡されるのです。

🖥 Business 日焼けの度合いは紫外線の量によって左右される

夏の日差しの強い時季に屋外にいると日焼けします。日焼けの度合いは、日差しの強さだけでなく場所によって変わります。都市部にいるときと海へ行ったときでは、海へ行ったときのほうがよく日焼けします。

これは、**紫外線の量の違い**によります。都市部では、大気の汚れなどのために多くの紫外線が散乱されています。波長の短い紫外線は、特に散乱されやすいためです。そのため、光量は多くても紫外線はそれほど照射されないこともあります。

これに対して、海のほうではそれほど空気が汚れていないことが多く、紫外線が大量に照射されます。

振動数が大きい紫外線の光子は、大きなエネルギーを持ちます。これは、日焼けという変化を肌に起こすのに十分な量です。可視光は、1つひとつの光子のエネルギーが小さいために、たくさん照射されても日焼けが起こりにくいのです。

03 コンプトン効果

物質にX線を照射すると、X線はいろいろな方向に散乱されます。この散乱X線を調べると、照射前より波長が長くなっているものが見つかります。

光子の運動量が小さくなると波長が伸びる

X線を物質に照射したとき、散乱X線の中に波長が長くなったものが見つかる。これは**コンプトン効果**と呼ばれ、X線が粒子性を持っていると考えれば、次のように理解できる。

X線は、多数の光子の集まりである。光子1個当たりは、運動量$p = \dfrac{h}{\lambda}$を持つ（λ：X線の波長　h：プランク定数）。

X線の光子は、物質中の電子にぶつかって散乱する。このとき、運動量保存則が成り立つため、電子の運動量が増加した分だけX線光子の運動量が減少すると考えられる。

運動量が減少することは、上の式から波長λが長くなることに相当する。

このように、X線がコンプトン効果を起こすことは、X線が粒子性を持つことの証拠であると考えられている。

📖 運動量保存則とエネルギー保存則から散乱X線の波長を求める

X線が電子に衝突して散乱されることで、どれだけ波長が変化するか具体的に求めてみます。

右のような状況を考えます。

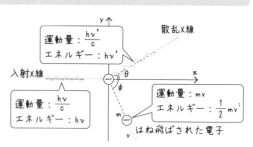

衝突前の光子は、運動量$\dfrac{h}{\lambda}$を持っています。これが図のような向きに散乱し、波長がλ'に変化したとすると、この場合の運動量保存則は次のようになります。

x軸方向：$\dfrac{h}{\lambda} = \dfrac{h}{\lambda'}\cos\theta + mv\cos\varphi$　…　①

y軸方向：$0 = \dfrac{h}{\lambda'}\sin\theta - mv\sin\varphi$　…　②

①は、$mv\cos\varphi = \dfrac{h}{\lambda} - \dfrac{h}{\lambda'}\cos\theta$、②は$mv\sin\varphi = \dfrac{h}{\lambda'}\sin\theta$と変形できます。

　さらに、光子のエネルギーは$\dfrac{hc}{\lambda}$（cは光速）と表されることから、エネルギー保存則は、

$$\dfrac{hc}{\lambda} = \dfrac{hc}{\lambda'} + \dfrac{1}{2}mv^2 \quad \cdots \quad ③$$

と表されます。

　まず、①と②を変形したものをそれぞれ2乗して足し、$\sin^2\theta + \cos^2\theta = 1$であることを用いると、

$$m^2v^2 - \left(\dfrac{h}{\lambda}\right)^2 + \left(\dfrac{h}{\lambda'}\right)^2 - \dfrac{2h^2\cos\theta}{\lambda\lambda'}$$

となり、さらに③から、

$$m^2v^2 = 2hmc\cdot\dfrac{\lambda'-\lambda}{\lambda\lambda'}$$

であるので、

$$\dfrac{2mc}{h}\cdot\dfrac{\lambda'-\lambda}{\lambda\lambda'} = \dfrac{1}{\lambda^2} + \dfrac{1}{\lambda'^2} - \dfrac{2\cos\theta}{\lambda\lambda'}$$

となり、この両辺に$\lambda\lambda'$を掛けると、$\lambda \fallingdotseq \lambda'$のときに$\dfrac{\lambda'}{\lambda} + \dfrac{\lambda}{\lambda'} \fallingdotseq 2$であることから、

$$\dfrac{mc(\lambda'-\lambda)}{h} \fallingdotseq 1 - \cos\theta$$

となり、

$$\lambda' = \lambda + \dfrac{h}{mc}(1 - \cos\theta)$$

と散乱後の波長を求められます。

04 粒子の波動性

コンプトン効果は、波動が粒子性も持っていることを示します。これとは逆に、粒子も波動性を持つことがわかっています。

Point

粒子を波と考えたものを物質波という

光やX線などの電磁波が粒子性を示すのなら、粒子も波動性を示すのではないかと考えたのがド・ブロイである。これを**ド・ブロイ波**（または物質波）と呼ぶ。

ド・ブロイ波の波長は、

$$\lambda = \frac{h}{p} = \frac{h}{mv} \quad (p：粒子の運動量の大きさ \quad h：プランク定数)$$

と表される。

この考えが正しいことは、高電圧で加速された電子の流れである電子線が、波の性質である回折をすることから明らかになった。

電子の波長は非常に短い

ド・ブロイ波の波長は、**粒子の運動量が小さいほど長くなる**ことがわかります。

どのように大きな物体であろうと波動性を示すのですが、大きい物体ほど運動量も大きく、波長が非常に短くなります。そのため、波動性を確認することが困難になります。したがって、実質的に波動性を考慮する必要があるのは、たとえば電子など非常にミクロな粒子になります。

電子の質量はおよそ$9.1 \times 10^{-31}\,\mathrm{kg}$です。これが$1.0 \times 10^8\,\mathrm{m/s}$の速さ（光速の3分の1）で運動しているとします。プランク定数は$6.6 \times 10^{-34}\,\mathrm{J \cdot s}$なので、電子の波長は、

$$\lambda = \frac{6.6 \times 10^{-34}}{9.1 \times 10^{-31} \times 1.0 \times 10^8} \fallingdotseq 7.3 \times 10^{-12}\,\mathrm{m}$$

と求められます。

　これは、非常に小さな値です。たとえば、可視光の波長は3.8×10^{-7}〜7.7×10^{-7} mほどですが、これと比べてもずっと短いことになります。

　このように、非常に波長が短いものを使うと、非常に小さなものを見ることができるようになります。

　光学顕微鏡は、可視光を使ったものです。これだと、どんなに高い精度のものでも可視光の波長程度の大きさのものしか見ることができません。

　しかし、電子を使えば10^{-12} mレベルのサイズの、非常に小さなものを見ることができるようになるのです。これは、原子のサイズをも下回る値ですので、原子1個ずつを識別して観察できることになります。

　電子は、高電圧を加えることで加速できます。そして、速度が大きくなるほど波長が短くなり、より小さなものを見られるようになります。

　ただ、これだけならそもそも波長の短いX線などを使えばよいことになります。しかし、X線は可視光のように集めたり広げたりすることが困難です。

　それに対して、電子は電場や磁場を加えることで、可視光と同様に集めることができます。これは、レンズで集光していることに相当します。

　このような電子線の特徴から開発されたのが、電子顕微鏡です。電子顕微鏡を使えば、原子レベルのミクロなものを観察できます。

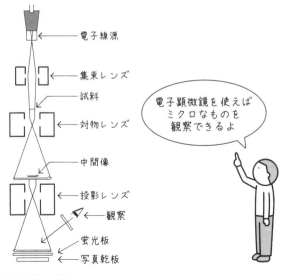

電子顕微鏡の構造

05 原子模型

目に見えない小さな原子の、さらにその中がどうなっているかを探る研究が、20世紀の初頭に行われました。その成果として、原子の中の様子が明らかになっています。

🖐Point

α粒子を散乱するのは原子核

ラザフォードの原子模型

　右のような原子モデルが実際の原子に近いことが、ラザフォードによる次の実験によって明らかになった。薄い金箔にα粒子（ヘリウム原子核。原子よりもずっと小さな粒子）を照射したとき、ほとんどは進路を曲げられずに通過していった。その中で、ごく一部のα粒子だけが大きく進路を曲げられた（大角度散乱）。

正電荷を持った核
電子

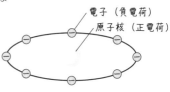

電子（負電荷）
原子核（正電荷）

ラザフォードの原子模型

原子の構造

　これは、原子の中では質量のほとんどが中心の限られたエリアに集中していると考えればうまく説明がつき、下図のような原子の構造が明らかになった。

　原子の中心には、**陽子**（正の電荷を持つ）と**中性子**（電荷を持たない）から成る**原子核**があり、周りを**電子**（負の電荷を持つ）が回っている構造である。

電子
中性子
陽子　}原子核

　中性子の数は原子によって異なる。陽子や電子の数も原子によって異なるが、必ず陽子と電子は同数含まれている。また、陽子と中性子の質量はほぼ等しく、その値は電子の質量の1,800倍以上であることもわかっている。

　以上のことから、原子の質量のほとんどが中心（原子核）に集まっていることがわかる。

📖 物体の99%以上の部分は真空状態

ラザフォードの実験によって明らかになった原子モデルからは、大変興味深いことがわかります。

原子の大きさは種類によって違いますが、およそ10^{-10} mです。非常に小さいために見ることはできません。

その中の原子核はより小さく、10^{-15}〜10^{-14} mというサイズです。最も大きい10^{-14} mでも、原子のサイズ（10^{-10} m）の1万分の1です。

これは、原子全体の大きさをドーム球場にまで拡大したとき、原子核はその中心に置かれた1円玉に相当する関係です。落ちていることに気づかないかもしれないくらい、小さな存在です。

原子の構成要素は、原子核と電子です。ということは、原子核や電子が存在しない部分には、何も存在していないのです。まさに、**真空状態**なのです。

すると、原子核が原子の中のほんの一部にすぎないことから、原子のほとんどの部分（99％以上）は真空状態であることがわかるのです。

今あなたは、椅子に座ってこの本を読まれているかもしれません。あるいは、電車の中に立っているかもしれません。椅子も電車の床も、原子が集まってできています。その原子のほとんどが真空なのですから、それらはすっからかんなものになります。そんなものの上に座っていて、安心していてよいのでしょうか。量子力学は、こんな意外な世界も見せてくれるのです。

06 原子核の崩壊

原子核の中には、安定なものと不安定なものがあります。不安定なものは、放射線を出しながら別の原子核に変化します。これを放射性崩壊といいます。

Point

放射性崩壊で放出される放射線には 3 種類ある

原子核の**放射性崩壊**には、α崩壊とβ崩壊がある。

α 崩壊

α線（＝ヘリウム原子核：陽子2個＋中性子2個）を放出する。

　…質量数が4減り、原子番号が2減る。

　（例）　$^{226}_{88}\mathrm{Ra} \quad \rightarrow \quad ^{222}_{86}\mathrm{Rn} + ^{4}_{2}\mathrm{He}$

β 崩壊

β線（＝電子）を放出する。

　…質量数は変わらず、原子番号が1増える（中性子が陽子と電子に変わり、陽子はとどまり電子が放出されるため）。

　（例）　$^{206}_{81}\mathrm{Tl} \quad \rightarrow \quad ^{206}_{82}\mathrm{Pb} + \mathrm{e}^{-}$

半減期

α崩壊やβ崩壊によって生成された原子核は、不安定な励起状態になることが多い。そのため、余分なエネルギーを電磁波として放出して、安定な状態へ遷移する。このときに放出される電磁波が、γ線である。

放射性の原子核は、崩壊しながら数を減らしていく。このとき、半分にまで減少するのにかかる時間を**半減期**という。半減期の長さは、原子核の種類によってさまざまである。

（例）

原子核	半減期
$^{14}\mathrm{C}$	5,700年
$^{40}\mathrm{K}$	1.25×10^{9}年
$^{222}\mathrm{Rn}$	3.82日

放射線は工業・医療・農業で活用されている

放射線が医療で利用されていることは、よく知られています。また、ジャガイモの芽止めなど農業にも利用されていることをご存じの方も多いかもしれません。

しかし、**工業にも多用されている**ことはあまり知られていないのではないでしょうか。

ここでは、放射線の工業利用の例をいくつか紹介します。

Business 材料の性能アップ

放射線を照射することで、物質の性質を変えることができます。たとえば、タイヤのゴムに電子線を照射すると、ゴムの繊維の結合が変化し、粘着性をコントロールできます。

また、テニスのラケットに使うガットは、もともとは羊などの腸で作っていましたが、現在はナイロンなどの化学繊維で作られています。これにγ線を当てると、弾力性がアップします。

Business 非破壊検査と耐久検査

非破壊検査とは、材料の内部に傷や欠陥がないかを、分解せずに調べる方法です。検査にはX線やγ線を利用します。

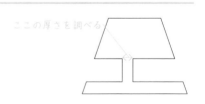

ここの厚さを調べる

また、耐久検査では材質に放射線を当て続け、どのくらい長く耐えられるかを調べます。たとえば宇宙船で使うソーラーパネルなどは、この方法で耐久性を検査します。

普通だったら、物質の内部の様子を知るには、ある程度それを壊さなければなりません。それが、まったく壊さずに調べられるのですから、いかに優れているかがわかります。

07 原子核の分裂と融合

原子核は、融合と分裂という正反対の反応を起こします。原子核の種類によって、融合を起こすものと分裂を起こすものとがあります。

> ### Point
> ## すべての原子核は、最も安定した鉄の原子核に近づく
>
> ### 核融合
>
> 原子核が融合する反応は**核融合**と呼ばれる。
>
> （例）　$4 {}^{1}_{1}\mathrm{H}$　→　${}^{4}_{2}\mathrm{He} + 2e^{+} + 2\nu$　（e^{+}：陽電子　ν：ニュートリノ）
>
> 核融合は、原子番号26の鉄原子（${}^{56}_{26}\mathrm{Fe}$）より小さな原子核どうしで起こる。
>
> ### 核分裂
>
> 原子核が分裂する反応は**核分裂**と呼ばれる。核分裂が自然に起こることはほとんどないが、大きい原子核に中性子を照射すると起こることがある。
>
> （例）　${}^{235}_{92}\mathrm{U} + {}^{1}_{0}\mathrm{n}$　→　${}^{144}_{56}\mathrm{Ba} + {}^{89}_{36}\mathrm{Kr} + 3{}^{1}_{0}\mathrm{n}$
>
> 核分裂は、原子番号26の鉄原子（${}^{56}_{26}\mathrm{Fe}$）より大きな原子核で起こる。
>
> 以上のことは、すべての原子核の中で${}^{56}_{26}\mathrm{Fe}$が最も安定した原子核であることから理解できる。すなわち、これより小さな原子核は融合することで${}^{56}_{26}\mathrm{Fe}$に近づき、これより大きな原子核は分裂することで${}^{56}_{26}\mathrm{Fe}$に近づくのである。

📖 核融合は夢のエネルギー源

地球温暖化が深刻さを増し、化石燃料の枯渇も心配されている現在、火力発電に変わるクリーンな発電方法が模索されています。

その中でも、原子力発電はすでに実用化されています。原子力発電所では、**ウランの核分裂反応**を起こします。ウランは、原子番号92と非常に大きな原子核です。これが分裂することで、原子番号26の鉄に近づき、安定化します。そのときに余ったエネルギーを放出するわけです。このエネルギーを利用して発電します。

　地球にウラン資源は豊富にあります。そして、核分裂を起こしても二酸化炭素を排出するわけではありません。そのため、大きな期待を集め実用化されてきました。今後も研究が続くとは思いますが、安全性や放射性廃棄物など問題点が山積みなことは否めません。

　核融合は、核分裂と同じく大きなエネルギーを放出します。そのエネルギーを利用すれば、やはり発電ができるはずです。これは**核融合発電**と呼ばれ、実用化はされていませんが日本や世界で研究が続けられています。

Business 太陽の中でも核融合が起こっている

　この地球が存在しているのは核融合のおかげです。それは、太陽の中で起こっています。

　太陽の中心部には、大量の水素ガスがあります。それらが、

$$4{}^{1}_{1}\mathrm{H} \quad \rightarrow \quad {}^{4}_{2}\mathrm{He} + 2\mathrm{e}^{+} + 2\nu$$

のように核融合して、ヘリウムへと変化しているのです。

　太陽では、1秒経つごとに6,000億kgもの水素が核融合してヘリウムに変わっています。そして、毎秒およそ3.8×10^{26}Jものエネルギーを放出しています。地球は、そのごく一部を受け取っているにすぎません。

　太陽では、大変なペースで水素が消費されているのがわかると思います。ただし、太陽の質量はおよそ2×10^{22}億kgもあります。したがって、当面は水素が枯渇することはないのです（あと50億年くらいは大丈夫と見積もられています）。

　太陽の中心で核融合が連続的に起こるのは、非常に高温だからです。もしも地上で核融合を起こしてエネルギーを生み出したければ、同じように高温な環境を整える必要があります。こういったことが、核融合発電を実用化するための課題となっているのです。

厚さの測定

　製紙会社でトイレットペーパーを作るとき、β線という放射線を利用しています。トイレットペーパーの厚さをチェックするためです。

　β線は、ギリギリ紙は通過できます（下図参照）。しかし、紙の厚さによって、β線の透過量は変わります。これを測定すれば、紙の厚さを調べることができます。

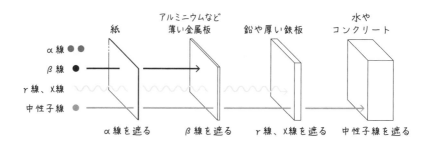

　また、鉄を延伸したときに、厚さのチェックも放射線の透過量で行います。鉄は何千度にも加熱されているので、直接厚さを測ることができないため、放射線が大変役立ちます。

　他にも、食品包装用のラッピングフィルム、アルミ箔など厚さを均一にしなければならないものは、放射線を使って厚さを正確に測定しています。また、両側から掘り進めたトンネルの残り部分の厚さを調べるためにγ線を利用することもあるそうです。

Chapter

05

化学編
理論化学

世の中では、たくさんの化学反応が起こっています。そして、それらがさまざまな製品を生み出すのに活用されています。

本章では、まずはその理論を学びます。どんな化学反応にも、**「どうしてそのような変化が起こるのか」という原因**があります。これを理解することが、化学を理解するための近道です。だからこそ、化学の学習のスタートは**理論化学**なのです。

なお、その化学理論を応用するのが無機化学や有機化学です。これらは、実際のビジネスの現場でどのように化学反応が利用されているか、その具体例の羅列ともいえます。具体例に化学理論がどう活用されているか、それを知るためにもまずは理論化学をしっかりと理解する必要があります。

理論化学を学ぶ上で大事になるのは「**ミクロな眼**」です。化学を学ぶとき、日常とはちょっと違った視点を持つと理解しやすくなります。それが「ミクロな眼」なのです。

ここで、私たちの目に見えないような小さな世界のことを「ミクロ」と表現しています。それは、具体的には物質を構成する原子や分子などの小さな粒子のことです。こういったものが集まって世の中のすべての物質が出来上がっているのです。

物質を構成する1つひとつのミクロな粒子の性質がわかると、その集まりであるマクロな物質の性質が見えてきます。ミクロとマクロは密接につながっているのです。

化学を深く理解するためには計算が欠かせません。化学計算を行う上で、ベースとなるのは「**物質量（モル）**」という考え方です。これは高校化学を学ぶ上で最初のハードルでもあり、これを理解するのに苦労した人もいるかと思います。

ただし、物質量（モル）という考え方は決して化学を難しくするためにあるのではなく、むしろいろいろな現象を考えやすくするための道具なのです。そんなことも意識しながら、復習してみてください。

教養として学ぶには

　ミクロな眼は、日常生活ではあまり意識しないものです。化学の眼を身につけることで、マクロな世界への認識も変わってくるはずです。

仕事で使う人にとっては

　たとえば、電池は化学反応によって電流を生み出しています。仕組みがわからなければ電池を開発することはできません。現在、さまざまな電池が生まれています。軽くて長持ちする電池は、たとえば電気自動車にはなくてはならないものです。脱炭素の世の中に向けても、化学反応が第一になっていることがわかります。このように化学反応に支えられる製品は、枚挙に暇がありません。

受験生にとっては

　まずは化学の理論を身につけないと、化学はただの暗記科目になってしまいます。無味乾燥な学習とならないためにも、理屈を理解することが肝心です。理論化学を深く理解することで、多様な物質間のつながりが見えてきます。

01 混合物の分離

世の中に存在するほとんどのものは、2種類以上の物質が混ざった混合物でできています。これを1つずつの物質に分離することで、利用できるようになります。

Point

混合物の種類によって、分離方法を使い分ける

混合物を分離する方法には、次のようなものがある。

ろ過

ろ紙を使うことで、固体と液体の混合物から固体を分離する。

蒸留

沸点の異なる液体どうしの混合物や、固体が溶けた液体を加熱し、沸点の違いを利用して分離する。

抽出

物質による溶媒への溶解度の差を利用して、混合物から特定の物質のみを溶媒中へ溶かし出す。

クロマトグラフィー

混合物を溶媒とともにろ紙やシリカゲルという粒子の中を移動させると、移動速度の差を利用して分離できる。

ガラス棒
漏斗
ビーカー
ろ紙
ろ液
ろ過の様子

温度計
枝付きフラスコ
沸騰石
水
蒸留の様子

📖 性質の違いを理解して、分離法を選択する

混合物を分離する方法はいくつもあります。その中からどの方法を選択するかは、**分離したい物質にどのような性質の違いがあるか**によります。利用する性質

の違いについてはPointでまとめた通りですが、特にクロマトグラフィーについてはわかりにくいので補足します。

クロマトグラフィーは、身近なものを使って簡単に行うことができます。厚紙を細長く切り、端から数センチメートルのところに水性ペンで印をつけます。これを、印をつけたところが浸からないよう水につけます。そのまましばらく置いておくと、右のようにインクに含まれている色素が分離する様子を観察できます。

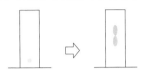

このようにすると、水性ペンのインク中に何色の色素が含まれていたのか、知ることができるのです。ペンで印をつけたとき、色素は紙に吸着します。その吸着力が色素の種類によって異なるのです。

水が紙に染み込んでいくとき、色素も一緒に移動します。そのとき、紙への吸着力が強い色素ほど、ゆっくり移動することになるのです。

このような性質の違いを利用しているのが、**クロマトグラフィー**という手法なのです。

石油コンビナートで行われている作業

私たちが使っている燃料の多くは、石油の蒸留によって得られています。地下から採掘される石油（原油）には、右のような成分が含まれています。そして、それぞれ沸点が異なるのです。

成　分	沸　点	使用例
石油ガス	30℃以下	ガスコンロの燃料、タクシーの燃料
ナフサ	30～180℃	プラスチックの原料
灯油	180～250℃	ヒーターや飛行機の燃料
軽油	250～320℃	トラックの燃料
重油	より高温	道路の舗装、火力発電の燃料

これらの燃料を使えるようにするには、成分ごとに分ける必要があります。そのとき、**成分によって沸点が違うことを利用し、蒸留を行っている**のです。これが、石油コンビナートで行われていることです。

さらに、病院や実験室などで使用する酸素や窒素なども蒸留で作られます。これらは空気の成分として含まれていますが、空気中では混合しています。それを、沸点の違い（酸素は－183℃、窒素は－196℃など）を利用した蒸留によって分離しているのです。

02 元素

この世のすべての物質は、原子という目に見えない小さな粒が集まってできています。原子には100以上の種類があることがわかっています。

☞ Point

原子の種類を元素という

　原子には、種類がある。原子の種類のことを**元素**という。それぞれの原子には**原子番号**がつけられ、原子番号の順に元素を並べたのが**周期表**である。周期表を見れば、世の中にあるすべての元素を知ることができる。

	1	2	3	4	5	6	7	8	9	10	11	12	13	14	15	16	17	18
1	1 H 水素																	2 He ヘリウム
2	3 Li リチウム	4 Be ベリリウム											5 B ホウ素	6 C 炭素	7 N 窒素	8 O 酸素	9 F フッ素	10 Ne ネオン
3	11 Na ナトリウム	12 Mg マグネシウム											13 Al アルミニウム	14 Si ケイ素	15 P リン	16 S 硫黄	17 Cl 塩素	18 Ar アルゴン
4	19 K カリウム	20 Ca カルシウム	21 Sc スカンジウム	22 Ti チタン	23 V バナジウム	24 Cr クロム	25 Mn マンガン	26 Fe 鉄	27 Co コバルト	28 Ni ニッケル	29 Cu 銅	30 Zn 亜鉛	31 Ga ガリウム	32 Ge ゲルマニウム	33 As ヒ素	34 Se セレン	35 Br 臭素	36 Kr クリプトン
5	37 Rb ルビジウム	38 Sr ストロンチウム	39 Y イットリウム	40 Zr ジルコニウム	41 Nb ニオブ	42 Mo モリブデン	43 Tc テクネチウム	44 Ru ルテニウム	45 Rh ロジウム	46 Pd パラジウム	47 Ag 銀	48 Cd カドミウム	49 In インジウム	50 Sn スズ	51 Sb アンチモン	52 Te テルル	53 I ヨウ素	54 Xe キセノン
6	55 Cs セシウム	56 Ba バリウム	L ランタノイド	72 Hf ハフニウム	73 Ta タンタル	74 W タングステン	75 Re レニウム	76 Os オスミウム	77 Ir イリジウム	78 Pt 白金	79 Au 金	80 Hg 水銀	81 Tl タリウム	82 Pb 鉛	83 Bi ビスマス	84 Po ポロニウム	85 At アスタチン	86 Rn ラドン
7	87 Fr フランシウム	88 Ra ラジウム	A アクチノイド	104 Rf ラザホージウム	105 Db ドブニウム	106 Sg シーボーギウム	107 Bh ボーリウム	108 Hs ハッシウム	109 Mt マイトネリウム	110 Ds ダームスタチウム	111 Rg レントゲニウム	112 Cn コペルニシウム	113 Nh ニホニウム	114 Fl フレロビウム	115 Mc モスコビウム	116 Lv リバモリウム	117 Ts テネシン	118 Og オガネソン

📖 同じ元素でできているのに性質が違うものがある

　鉛筆の芯は、主に黒鉛という炭素の塊でできています。黒鉛に粘土を混ぜて固めたのが、鉛筆の芯です。

　一方、光り輝く高価なダイヤモンドも、同じ炭素でできていると聞いたら驚かれるでしょうか。実は、黒鉛もダイヤモンドも材料はまったく一緒なのです。

　このように、同じ元素でできているのに性質が異なるものを**同素体**といいます。他の例としては、酸素やオゾンがあります。

　酸素は、私たちが生きていくのに欠かせない気体です。これは、紫外線と反応してオゾンに変化することがあります。そのようにしてできたのが上空数十キロ

メートルに存在するオゾン層です。

　オゾン層は、地球を紫外線から守っています。このときには、オゾンが紫外線と反応して酸素に戻っているのです。酸素がオゾンになるのを助けるのも、オゾンが酸素に戻るのを助けるのも紫外線ですが、波長が違うためどちらの反応も起こるのです。

　このように、酸素とオゾンは材料が同じですから、やはり同素体なのです。

　では、どうして、同じ元素でできているのに性質が異なるのでしょうか。その秘密は、原子どうしの集まり方にあります。原子は、種類だけでなく結びつき方も重要なのだとわかります。

ダイヤモンドの結晶　　　　　黒鉛の結晶

📺 Business　さまざまな色の花火がある理由

　夏の風物詩である花火は、鮮やかな色彩あってこそです。花火の色の違いは、**含まれる元素の違い**によって生み出されています。

　物質を炎の中へ入れたとき、含まれている元素によって特有の色を発することがあります。これを**炎色反応**といいます。含まれる元素と色の関係は、右の通りです。

　花火の火薬には、これらの元素がうまく配合されているのです。それによって、狙い通りの色を演出できるのです。

含まれる元素	色
リチウム	赤
ナトリウム	黄
カリウム	紫
バリウム	黄緑
カルシウム	橙
銅	青緑
ストロンチウム	紅

03 原子の構造

すべての物質を構成している原子の中を探っていくと、さらに中身があることがわかります。

Point

原子の構成要素は「陽子」「中性子」「電子」

原子は、次のような構造をしていることがわかっている。

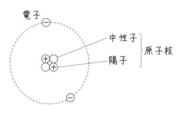

- **陽子**はプラスの電気を、電子はマイナスの電気を持っており、その絶対値は等しい。また、1つの原子中にある陽子と電子の数は等しい。そのため、原子は電気的に中性である

- **中性子**は電気を持っていない。陽子と中性子が集まったものが、**原子核**である

- 原子中にある陽子の数を**原子番号**といい、この順番に元素を並べたのが周期表である

- 陽子と中性子の数の和を**質量数**という。その理由は、陽子と中性子の質量がほぼ等しく、電子の質量はそれに比べて無視できるほど小さいため、原子の質量が陽子と中性子の数の和で見積もられるからである

📖 原子は分割できる

「atom」を日本語に訳したのが「原子」という言葉です。atomには「分割できないもの」という意味があります。それは、19世紀までは原子が物質の最小単位だと考えられていたからです。しかし、20世紀に入ると原子にはさらに中身があることがわかりました。つまり、原子は最小単位ではなかったのです。

原子に構造があることは、原子の中身がごく限られたエリアに集中していることの発見を通してわかりました。20世紀初頭の、イギリスのラザフォードによる

実験です。ラザフォードは、金箔に照射したα粒子の散乱の様子からすべての原

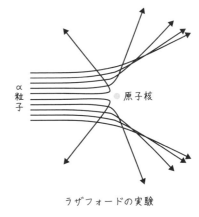

ラザフォードの実験

子の中心に原子核が存在することを発見しました。右図は金（きん）の原子核によるα粒子の散乱の様子です。

　現在では、原子核の大きさは10^{-15}〜10^{-14}mであることがわかっています。それに対して、原子自体はおよそ10^{-10}mという大きさです。どちらも極小であることには違いありませんが、原子の大きさに対して原子核は10^{-5}〜10^{-4}倍（10万分の1〜1万分の1）にすぎないことがわかります。

　このことは、原子の中のほとんどの部分には何もないことを示しています。これこそ、**本当の真空**なのです。

　私たちの身体を構成している原子も、安心して座っている椅子を構成している原子も、99％以上の部分が真空です。そんな中で物質が安定して存在することの不思議さが感じられます。

Business 電子顕微鏡による観察

　電子顕微鏡を使えば、物質を構成する原子を直接見ることができます。電子顕微鏡では、原子の周りを回っているマイナスの電気を持った電子を使います。

　電子顕微鏡は、極微な世界を調べるための研究で活躍しています。ものを原子レベルで観察できるのです。たとえば、厚さ0.001mmほどと極薄の金箔を電子顕微鏡で観察できます。電子顕微鏡で見ると、何とそこにはおよそ3,000個もの金の原子が積み重なっていることを確認できるのです。このように電子顕微鏡によって、ものを原子レベルで見て、その構造を知ることができるようになりました。

電子顕微鏡

04 放射性同位体

同じ原子番号の原子でも、中性子の数が異なるものが存在します。中性子の数が異なることで、性質の違いも生まれてきます。

> **Point**
>
> ### 放射線には種類がある
>
> **同位体**
>
> 　原子番号が同じ（陽子の数が同じ）でも、中性子の数が違う原子を**同位体**という。原子番号が等しければ、中性子の数にかかわらず周期表の中で同じ位置を占めるからである。
>
> 　同位体の化学的性質はほぼ等しいが、同位体の中には放射線を放つものがある。これを**放射性同位体**という。
>
> **放射線の種類**
>
> 　放射線には、次のような種類がある。
>
> ● α線：ヘリウム原子核が、光速の5％ほどの速さで飛んでいく
>
> 　　　　　　ヘリウム原子核　⊕⊕ ⟶
>
> ● β線：電子が、光速の90％ほどの速さで飛んでいく
>
> 　　　　　　　　　電子　⊖ ⟶
>
> ● γ線：電磁波（光と同じ速さで進む）

📖 放射線を放つ同位体はごく一部

たとえば、炭素原子Cには、次ページの表のような同位体が存在します。

自然界にはたくさんの炭素原子が存在します。

炭素原子の同位体	中性子の数
$^{12}_{6}C$	6
$^{13}_{6}C$	7
$^{14}_{6}C$	8

自然界にはたくさんの炭素原子が存在しますが、その99％は$^{12}_{6}C$です。残りの1％のほとんどは$^{13}_{6}C$で、$^{14}_{6}C$の割合はごくわずかです。

このように同位体がある中で、**$^{14}_{6}C$だけに放射線を放つ性質があります**。放射性同位体とは、このようなものをいうのです。

`Business` 年代測定への利用

大気中には二酸化炭素があり、Cが含まれます。その中での$^{14}_{6}C$の割合は、一定に保たれていることが知られています。

植物は、大気中から二酸化炭素を取り込み続けています。したがって、生きている植物に含まれる$^{14}_{6}C$の割合も一定に保たれているのです。しかし、植物が枯れて二酸化炭素を取り込まなくなると、変化が起こります。このとき、$^{14}_{6}C$は放射線を放ちます。そして、別の種類の原子に変わってしまうのです。つまり、**植物が枯れた後には$^{14}_{6}C$の量が減少していく**のです。

$^{14}_{6}C$が放射線を放ちながら変化し、その量が半分になるのにはおよそ5730年かかります。これを半減期といいますが、これは年代測定に活躍します。

たとえば、遺跡から木材が発見されたとします。その木材中に含まれる$^{14}_{6}C$の割合を調べて、大気中の割合と比較するのです。もしも、大気中に比べて$^{14}_{6}C$の割合が半分であれば、その木が切り倒された（遺跡が作られた）のがおよそ5730年前だと判断できます。割合が4分の1にまで減っていれば、5730の2倍（11460年前）だとわかります。

$^{14}_{6}C$がどのくらいの割合で含まれているのかは、その物質の放射能を測定することで知ることができます。そして、その値からそれが生きていた年代までわかってしまいます。まさに時代をまたいで旅する道具なのです。歴史の究明にも放射性同位体が役立てられているのですね。

05 電子配置

原子の中には、陽子と同じ数の電子が存在します。それらは、決められた場所に配置されています。

 Point

電子が入る殻には定員がある

原子の中で、電子が存在できるスペースを**電子殻**という。電子殻は複数あり、原子核に近い側から次のように名前がついている。また、それぞれの電子殻には最大収容電子数があり、それを超える電子が入ることはできない。

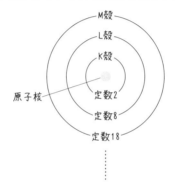

電子が入る規則性

原子の中には、電子が入れる場所がいくつもあります。それぞれに定数が決まっているので、たくさんの電子があるときには分散することになります。

では、たとえば電子が1つしかない場合はどうでしょうか。これは、原子番号1番の水素原子の話になります。

電子が1つだけだからといって、どの電子殻に入ってもよいわけではありません。実際には、一番内側のK殻に入っています。つまり、電子は**なるべく内側の電子殻から埋めるように配置されていく**のです。ただし、内側がすべて埋まらないうちに1つ外側に入ることもあります。それについては、次のような規則性があり

ます。下図の①から順に、矢印の向きに電子は埋まっていくという規則性です。

	①	②	③	④	⑤
K殻	2				
L殻	2	6			
M殻	2	6	10		
N殻	2	6	10	14	
O殻	2	6	10	14	
P殻	2	6	10		
Q殻	2	6			

このような、電子が埋まっていく規則性のことを**電子配置**といいます。

一番外側に配置されている電子は**最外殻電子**と呼ばれます。実は、元素の周期表は最外殻電子の数が等しいものが縦に並ぶように書かれています。なぜなら、最外殻電子は原子の性質に大きく影響し、その数が等しいものの性質が似ているからです。

周期表で縦に並んでいるグループは**族**と呼ばれます。

ちなみに、電子殻がA殻から始まらずK殻から始まるのは、発見当初に「もしかしたらより内側に未発見の電子殻が存在するかもしれない。そのときにも名前をつけられるよう、A～Jは使わず取っておこう」と考えたからだそうです。

Business 半導体の原料

原子番号14のケイ素Siは、半導体の材料として重宝されています。電子回路に利用される半導体を支える元素です。

半導体には、原子番号32のゲルマニウム（Ge）が使われることも多くあります。それは、両者の性質が似ているからです。

ケイ素もゲルマニウムも、周期表の14族に属しています。これは、最外殻電子の数が等しいことを意味します。そのため性質が似ていて、ともに半導体の材料になれるわけです。

ケイ素は、岩石などの主成分として自然の中にふんだんに存在しています。これを上手に利用しているのです。

06 イオン

原子の中には、安定な原子と不安定な原子があります。それは、電子配置によって決まります。

Point

原子の理想は貴ガス

05で説明したように、原子の中の電子は規則性に従って配置されている。

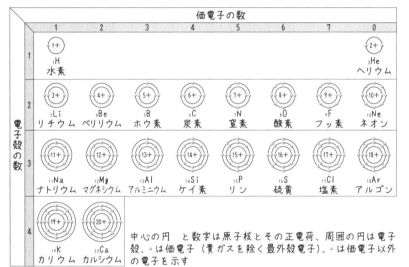

中心の円　と数字は原子核とその正電荷、周囲の円は電子殻、 は価電子（貴ガスを除く最外殻電子）、 は価電子以外の電子を示す

原子核と電子殻、電子配置

たとえば、原子番号2のHeでK殻が埋まってしまう。そのため、続く原子番号3のLiでは、その1つ外側のL殻に電子が入っていく。そして、原子番号10のNeになると、L殻も8つの電子で埋まる。よって、原子番号11のNaではさらに外側のM殻に電子が入る。

このように、ある電子殻が埋まってしまうという区切りが存在し、実はそのタイミングで原子は非常に安定な状態となる（これを**貴ガス**という）。

貴ガス以外の原子も、できれば貴ガスのようになろうとする。そのためには電子配置を変える必要があり、その結果イオンが誕生するのである。

📖 イオンの電子配置は貴ガスと同じ

原子番号11のNaについて考えてみましょう。電子配置は右の通りです。

これは、もしもM殻にある1つの電子がなければ、原子番号10のNeと同じ電子配置になって安定します。そこで、実際にNa原子は電子を1つ放出してNeと同じ電子配置を実現するのです。

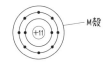

このとき、原子核にある陽子の数は変わりません。つまり、プラスの量は変わらずマイナスだけが減るのです。その結果、原子は＋11－10＝＋1という電気を持つようになります。

このように原子が電気を持った状態になったものを**イオン**と呼び、この場合はNa^+と表します。

別の例も紹介します。原子番号17のCl原子の場合は、右のような電子配置です。この場合もM殻から電子を7個放出すればよいのですが、それは大変です。逆に、M殻に1個だけ電子を受け入れるだけで原子番号18のArと同じ電子配置になって安定します。

その場合、＋17－18＝－1という電気を持つようになるので、Cl^-と表されることになります。

以上のように、イオンにはプラスの電気を持つものとマイナスの電気を持つものとが存在します。プラスのものは**陽イオン**、マイナスのものは**陰イオン**と呼ばれます。

🖥 Business イオン式空気清浄機の仕組み

空気清浄機には、イオンを発生させるタイプのものがあります。

イオン式空気清浄機では、高電圧によって空気中にイオンの流れを発生させます。そして、その働きで空気中の微粒子（チリやホコリ）に電気を持たせるのです。

電気を持った微粒子は、プラスまたはマイナスの電極に引き寄せられます（微粒子が持った電気と反対の電気のほうに引き寄せられる）。このような仕組みで、空気をきれいにできます。

07 元素の周期律

原子を原子番号の順に並べた周期表では、性質が似たものが周期的に登場します。これを周期律といいます。

Point

性質が似ている「同族元素」

- 元素を原子番号の順に並べた周期表では、原子の最外殻電子の数が1つずつ増えていくことになる。1つの電子殻8個の電子が埋まったら次の行（周期）へ進むように並べると、最外殻電子の数が等しい元素が縦に並ぶようになる

- 周期表で縦に並んだグループを**族**という。同じ族に属する元素は**同族元素**と呼ばれる

- 周期表には縦の列が18あるが、その中でも特に1、2、17、18列目に並んだ元素の性質は似ている。そこで、それらには特に次のような名前がつけられている

アルカリ金属の単体を身近に見られない理由

2019年のノーベル化学賞は、リチウムイオン電池の開発に貢献した日本の吉野彰さんらに贈られました。リチウムイオン電池の中では、アルカリ金属のひとつである**リチウム（Li）**が活躍しています。

しかし、身の回りで単体のLiという金属を見ることはありません。それは、もしもLiがあったとしてもすぐに水に溶けてしまう、非常に反応性の高いものだか

らです。

　Liだけでなく、ナトリウム（Na）、カリウム（K）などアルカリ金属には、**水に溶けやすい性質**があります。さらに、水に溶けながら大量の熱を発生するため、発火することもあります。そのため、アルカリ金属の単体が身近なところに置かれていることはないのです。

　実験室では、灯油の中で保管したものを使います。これは、空気中の水蒸気との反応を防ぐためでもあり、反応性が高いため空気中の酸素によってすぐに錆びてしまうことも関係しています。

🖥 Business　ヘリウムは医療でも活用されている

　すべての元素の中で最も安定な貴ガスは、次のような場面で活躍しています。

　ヘリウム（He）と聞くと、空に浮かぶ風船を思い浮かべる方も多いかもしれません。しかし、それ以上に需要があるのが医療用です。Heの沸点は − 269℃と極低温です。そのため、液体ヘリウムは何かを極低温まで冷やすのに利用されます。医療機器では、冷却が必要になることが多々あります。

　ネオン（Ne）は、ネオンサインに使われます。ネオン管にNeを封入して電圧をかけると、特有の色が発せられます。

　アルゴン（Ar）は、空気中に1％ほど含まれる気体です。たとえば、溶接を行うときにはアルゴンガスを吹き付けながら行います。反応性が低いアルゴンガスを吹き付けることで、金属が錆びるのを防ぐ目的です。

08 イオン結晶

イオンでできた物質の中では、イオンがきれいに配列しています。これをイオン結晶といいます。

Point

電気量の和が0となるようにイオンが配列する

たとえば、塩化ナトリウムはNa^+とCl^-から成り立つ物質である。それぞれ＋1、－1の電気を持ったイオンなので、1つずつで組み合わさることで電気量の合計が0となる。

イオン性物質の特徴

● 身近にある物質は、電気を持っていない。そのため、イオンでできている場合には電気量の和が0となるように陽イオンと陰イオンが組み合わさっている

● 現実の物質中には無数のイオンが含まれているので、これは数そのものというより数の比を表すといえる

● $Na^+ : Cl^- = 1 : 1$で成り立つ塩化ナトリウムは、NaClと表される。これを**組成式**という

● Mg^{2+}とCl^-からなる塩化マグネシウムの場合は、電気量の和が0となるために$Mg^{2+} : Cl^- = 1 : 2$となっている。そのため、塩化マグネシウムの組成式は$MgCl_2$である

📖 イオン結晶の性質

　右図のようにイオンが規則正しく並んでいるイオン結晶には、次のような性質があります。

● Na^+　　Cl^-

• **固体のままでは電気を通さない**

イオン結晶ではイオンが自由に動けないため、電気を流すことがありません。しかし、これを水に溶かすと、その水溶液は電気を通します。水の中に溶けることで、イオンが自由に動けるようになるからです。**電気を持ったイオンが動くことが、電流（電気の流れ）となる**のです。

また、イオン結晶を融点まで加熱して溶かした場合（液体にした場合）にも、電気が流れるようになります。たとえば、塩化ナトリウムが液体になった状態を見ることは普通ありませんが、これは塩化ナトリウムの融点が801℃と高温だからです。しかし、ここまで加熱すれば液体になるのです。

液体になれば、やはりイオンが自由に動けるので電流を流せるようになります。

• **硬いがもろい**

イオン結晶は、イオンどうしの強固な結合（イオン結合）でできているため硬いです。人の力で簡単に壊すことはできません。

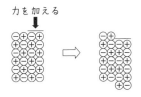

力を加える

しかし、一定方向に力を加えると突然割れてしまうというもろさがあります。これは、右のように力を加えることでイオン1個分だけずれることで、**イオンどうしの結合が反発力に変わるために起こる現象**です。

_{Business} 発泡入浴剤の仕組み

発泡入浴剤には、炭酸水素ナトリウム（$NaHCO_3$）が配合されています。これは、ナトリウムイオン（Na^+）と炭酸水素イオン（HCO_3^-）からできているイオン結晶です。

なぜ、お湯の中で発泡するのでしょうか。発泡入浴剤には、これに加えてフマル酸という酸性の物質が配合されています。実は、炭酸水素イオン（HCO_3^-）のもとになっているのは二酸化炭素なのです。二酸化炭素も酸性ですが、フマル酸はより強力な酸です。これらが反応すると、酸性の弱い二酸化炭素が追い出されるという反応が起こるのです。これが発泡の仕組みです。

09 分子

原子が単独で存在することは稀で、普通は複数で集まっています。その中には、共有結合というつながりで作られた「分子」というものがあります。

分子を作る目的は「貴ガス型の電子配置の実現」

- すべての元素の中で、最も安定しているのは貴ガスというグループ。他の元素も、貴ガスと同じ電子配置を実現しようとする。そのひとつの方法が、イオンになること。ただし、たとえば次の場合はそれが難しい

例：酸素原子Oと酸素原子Oが結合するとき

- 酸素原子Oは、あと2つ電子があれば貴ガス（Ne）と同じ電子配置になることができる。これをイオンになることで実現するなら、ともにO^{2-}となればよいことになる

- しかし、それはお互いに電子を余計に受け取ることであり、供給元がないので実現しない。このような場合、酸素（O）原子は「お互いに2つずつ電子を出し合い、それを共有する」という工夫をする。そうすれば、お互いの電子を2つずつ増やすことができるからである。このような結合の仕方を**共有結合**という

分子の表し方

酸素原子2つが共有結合してできた塊を**酸素分子**といいます。つまり、原子が共有結合してできたものを分子というのです。

酸素分子は、「O＝O」のように表されます。これは、2つずつ電子を出し合って共有していることを二本線で示しているのです。

分子は、すべてこのように表すことができます。これを**構造式**といいますが、コツをつかむと簡単に表せるようになります。

例：アンモニア（NH₃）分子

　窒素（N）原子は、余計に3つの電子を欲しがっています。そのことを、Nから手が3本伸びた

$$-\overset{|}{N}-$$

と表します。

　また、水素（H）原子はあと1つ電子を欲しています。これは、

$$H- \quad H- \quad H-$$

と表すことができます。

　これらが1つになるのですが、このとき**手が余らないようにくっつける**のがポイントです。手が余らないということは、すべての原子が欲しいだけ電子を手にいれることを意味するからです。

　結局、アンモニア分子は、

$$\overset{\displaystyle H}{\underset{\displaystyle H-N-H}{|}}$$

と表せるのです。

▶Business 気体は分子でできているものの代表例

　分子でできているものの代表例が気体です。気体は工場や病院などいろいろなところで使用されますが、保管には注意が必要です。水に溶けやすいかどうかも重要ですが、空気より軽いか重いかも大事です。

　その判断には、分子量（Chapter06の02参照）が必要になりますが、ここでは簡潔に紹介します。

　たとえば、水素はH－Hという分子でできていますが、これは空気より軽い気体です。空気は、主に窒素N≡Nや酸素O＝Oでできています。形は同じですが、重さが違うのはH、N、Oといった原子自体の重さが違うからです。3つの中で最も軽いのはHです。だから、水素は軽い気体となっているのです。

　このように、分子の形を確認し、それを構成する原子の重さを比較することでその気体が相対的にどのような重さなのか、知ることができます。

　このとき、貴ガスには注意が必要です。He、Ne、Arなどの貴ガスは、もともとバランスのよい電子配置をしています。したがって、これらは他の原子と共有結合する必要がなく、単独の原子のまま存在しています。

10 分子結晶

分子でできた物質が固体になると、分子がきれいに整列します。この状態は分子結晶と呼ばれます。

> **Point**
>
> ## 分子を結びつけるのは「分子間力」
>
> ### 電気陰性度
>
> 　分子を構成する各原子には、電子を引き寄せようとする力がある。これを**電気陰性度**といい、原子の種類によって大きさに差がある。
>
>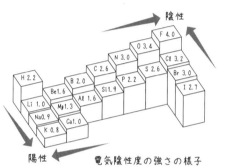
>
> 電気陰性度の強さの様子
>
> 　電気陰性度に差がある原子どうしで分子が作られると、分子内で電気的な偏りが生じる。これを**極性**といい、極性を持つ分子は**極性分子**と呼ばれる。
>
> 例：HCl　Ⓗ $\overset{\delta+}{}$ ⒸⓁ $\overset{\delta-}{}$ 　δ＋(−)：＋or−にわずかに帯電していることを示す
>
> ### 無極性分子
>
> 　すべての分子に極性があるわけではない。たとえば、H_2 など電気陰性度に差がない原子どうしで分子が構成されていれば、極性は生じない。この場合は**無極性分子**という。

> 📖 ## 分子どうしで結びつける力

　分子でできている物質が固体になるとき、分子がきれいに整列します。これを**分子結晶**といいます。

　結晶が安定に成り立つには、分子どうしを結びつける力が必要です。この力は**分子間力**と呼ばれますが、次のよう

分子結晶の例

分子

ファンデルワールス力

な仕組みで生じます。

極性分子の場合

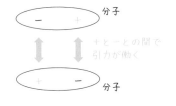

無極性分子の場合
・分子の中で電子は動いているので、瞬間的な電気的
　偏りが生じ、引力が働く
・引力は、極性分子の場合に比べて弱い

瞬間的には、＋の中心と－の中心はずれている
（平均すると一致しているが）

　つまり、極性分子のほうが分子間力は強力になります。たとえば、水H_2Oは極性分子で、分子間力が強力です。そのため、水は常温で液体として存在します。
　これに対して、無極性分子である二酸化炭素CO_2の分子間力はそれほど強くありません。したがって、常温で気体なのです。

[Business] ナフタレンも分子結晶

　防虫剤には、ナフタレンという物質が使われることがあります。ナフタレンも分子結晶なのですが、これは無極性分子の集まりです。つまり、結合が弱いので簡単に分子がバラバラになってしまうのです。ナフタレンの場合は固体から液体になるのではなく、直接気体になってしまいます。これを**昇華**といい、ドライアイスやヨウ素もこの現象を示します。
　タンスに入れておいた防虫剤は、いつの間にか消えてしまいます。これは、成分が少しずつ昇華していくためです。もしも液体になったら衣類をベトベトにしてしまって大変ですが、昇華するため大丈夫なのです。

11 共有結合結晶

原子が共有結合を繰り返しながら巨大な結晶を作ることがあります。これを共有結合結晶といいます。

Point
分子という単位を作らない特殊なケースが「共有結合結晶」

共有結合する原子は、普通は分子という単位を作り、これが結晶を構成する（10参照）。

これに対して、一部の物質では共有結合を繰り返して、分子という単位を作らずに巨大な結晶を作ることがある。これが**共有結合結晶**である。

共有結合の結合力は、分子間力とは比べものにならないほど強力である。そのため、共有結合結晶には、非常に硬い、融点がとても高い、水に溶けにくい、といった特徴が生じている。

共有結合結晶の限られた例

共有結合結晶でできた物質には、次のようなものがあります。

・ダイヤモンド

1つのC原子が4つのC原子と立体的に結合しているため、非常に硬く、また自由に動ける電子がないため電気を通しません。

ダイヤモンドの結晶

共有結合

・黒鉛

1つのC原子が3個のC原子と平面的に結合して、層を作ります。層どうしは分子間力で結びつきますが、分子間力は弱いので層どうしは剥がれやすいです。

黒鉛の結晶

ファンデルワールス力

共有結合

- **ケイ素**

Si 原子は C 原子と同じく 4 個の Si 原子と立体的に結合しています。

ケイ素の結晶

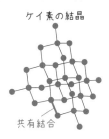

共有結合

- **二酸化ケイ素（SiO_2）**

ケイ素の結晶中の各 Si 原子の間に O 原子が入り込んだ構造をしています。

　は Si 原子。ダイヤモンドと同じ構造で並んでいる
● は O 原子。Si 原子の間に並んでいる

Business ケイ素の結晶は半導体製造の肝

　ケイ素（Si）の結晶は、**半導体として欠かせないもの**です。きれいな Si の結晶を製造することが、半導体製造の肝です。

　この原料は、二酸化ケイ素（SiO_2）です。実は、これは岩石の主成分です。つまり、地球上にふんだんに存在するのです。なお、二酸化ケイ素のきれいな結晶は水晶として存在しているものもあります。

12 金属結晶

原子が電子を放出して陽イオンになり、放出した電子をつなぎ役にして結合することもあります。この場合にできるのが金属結晶です。

Point

金属元素は金属結合する

すべての元素は、金属元素と非金属元素に分類される。

	1	2	3	4	5	6	7	8	9	10	11	12	13	14	15	16	17	18
1	1 H 水素																	2 He ヘリウム
2	3 Li リチウム	4 Be ベリリウム			金属元素								5 B ホウ素	6 C 炭素	7 N 窒素	8 O 酸素	9 F フッ素	10 Ne ネオン
3	11 Na ナトリウム	12 Mg マグネシウム			非金属元素								13 Al アルミニウム	14 Si ケイ素	15 P リン	16 S 硫黄	17 Cl 塩素	18 Ar アルゴン
4	19 K カリウム	20 Ca カルシウム	21 Sc スカンジウム	22 Ti チタン	23 V バナジウム	24 Cr クロム	25 Mn マンガン	26 Fe 鉄	27 Co コバルト	28 Ni ニッケル	29 Cu 銅	30 Zn 亜鉛	31 Ga ガリウム	32 Ge ゲルマニウム	33 As ヒ素	34 Se セレン	35 Br 臭素	36 Kr クリプトン
5	37 Rb ルビジウム	38 Sr ストロンチウム	39 Y イットリウム	40 Zr ジルコニウム	41 Nb ニオブ	42 Mo モリブデン	43 Tc テクネチウム	44 Ru ルテニウム	45 Rh ロジウム	46 Pd パラジウム	47 Ag 銀	48 Cd カドミウム	49 In インジウム	50 Sn スズ	51 Sb アンチモン	52 Te テルル	53 I ヨウ素	54 Xe キセノン
6	55 Cs セシウム	56 Ba バリウム	L ランタノイド	72 Hf ハフニウム	73 Ta タンタル	74 W タングステン	75 Re レニウム	76 Os オスミウム	77 Ir イリジウム	78 Pt 白金	79 Au 金	80 Hg 水銀	81 Tl タリウム	82 Pb 鉛	83 Bi ビスマス	84 Po ポロニウム	85 At アスタチン	86 Rn ラドン
7	87 Fr フランシウム	88 Ra ラジウム	A アクチノイド	104 Rf ラザホージウム	105 Db ドブニウム	106 Sg シーボーギウム	107 Bh ボーリウム	108 Hs ハッシウム	109 Mt マイトネリウム	110 Ds ダームスタチウム	111 Rg レントゲニウム	112 Cn コペルニシウム	113 Nh ニホニウム	114 Fl フレロビウム	115 Mc モスコビウム	116 Lv リバモリウム	117 Ts テネシン	118 Og オガネソン

単体が金属として存在するのが**金属元素**である。金属元素には電子を放出して陽イオンになりやすい性質（陽性）がある。

こういった原子が集まるとき、それぞれが陽イオンとなってしまえば反発するだけだと思われる。しかし、放出されたマイナスの電子がその間を動き回るため、これがつなぎとめ役となって陽イオンを安定して整列させる。

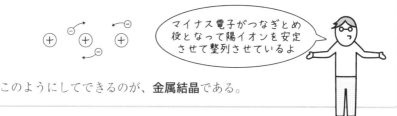

マイナス電子がつなぎとめ役となって陽イオンを安定させて整列させているよ

このようにしてできるのが、**金属結晶**である。

金属の性質を生む自由電子

金属結晶の中を自由に動き回る電子は**自由電子**と呼ばれます。金属にはいろい

ろな種類がありますが、次のような共通した性質があります。そして、それらの
性質はすべて自由電子の存在が生み出しているのです。

- 光沢がある：表面の自由電子に光を反射する性質があるから
- 電気や熱をよく伝える：自由電子が動くことが、電気の流れになる。
  また、自由電子が熱を運ぶ
- 展性がある（たたくと広がる）：バラバラになろうとする陽イオンどうしを自
  由電子が結びつける
- 延性がある（引っ張ると伸びる）：展性と同じ理由

Business 電線に銅が使われている理由

あらゆる金属の中で、電気や熱を最も伝えやすいのは銀です。次が銅、3番目
は金です。

世界中に張り巡らされている電線には、主に銅が使われているのも、この電気
が伝わりやすい性質を利用しているのです。もちろん一番電気を伝えるのは銀で
すが、希少な銀に比べて資源が豊富なことから銅を使っています。

また、展性や延性が最も大きいのは金です。たった1グラムの金も、伸ばせば
3キロメートルに、広げれば直径80センチメートルの円となります。金箔の厚さ
は、0.0001ミリメートルほどです。これは、アルミ箔の厚さ0.015ミリメートル
と比べてもずっと小さな値だとわかります。

箔を作るときには、金属ごとの展性・延性を考慮してどこまで広げるかを考え
る必要があります。

13 物質量（1）

身の回りの物質を構成する原子や分子の数は、あまりに膨大です。とても
「1個、2個、……」と数えることはできません。どうすればよいでしょうか。

☞ Point

原子の質量を原子量で表す

相対質量

　物質に含まれる原子が膨大な数であることは、原子1つの質量が極小であ
ることを示す。たとえば、g（グラム）という単位を使ったら0.000……gと
なる。これではあまりに不便である。

　そこで、質量数12の炭素（C）原子の質量を12と決め、これを基準とし、
他の原子はこれと比較することで質量を表すことができる。このような決め
方をしたのが**相対質量**である。

原子量の決定

　さらに、同一の元素には同素体があることを考慮して、原子量を決める。
たとえばC原子の場合、下表のようになる。

	相対質量	存在比
^{12}C	12	98.93%
^{13}C	13.003	1.07%

したがって、

$$C の原子量 = 12 \times \frac{98.93}{100} + 13 \times \frac{1.07}{100} \fallingdotseq 12.01$$

と求めることができる。

📖 物質に含まれる原子の数の求め方

物質には、分子やイオンで構成されているものもあります。それらの場合は、

分子の重さ（分子量）やイオンの重さ（式量）を使う必要があります。これも、原子量をベースとします。

- 例：二酸化炭素 CO_2

    二酸化炭素の分子量 ＝ Cの原子量 12 ＋ Oの原子量 $16 \times 2 = 44$

- 例：塩化ナトリウム（NaCl）

    塩化ナトリウムの式量 ＝ Naの原子量 23 ＋ Clの原子量 $35.5 = 58.5$

　このような方法で、原子・分子・イオンなどの目に見えない小さな粒子の質量を決めることができました。

　では、これらは物質中にどのくらいの数含まれているのでしょうか。ここでも、**炭素（C）**が基準となります。

　C原子1個の質量は、12 と表されます。もちろん、これは 12 グラムではありませんし、他の単位もついていません。原子量には単位がないのです。

　では、12 にgがついた「$12\,g$」という量になるには、C原子はいくつ集まればよいのでしょうか。その値は、およそ 6.02×10^{23} 個という膨大な値です。これほどの原子が集まらないと、たった $12\,g$ にも届かないのです。

　そこで、この「6.02×10^{23}」という値を**アボガドロ定数**と定めます。そうすることで、たとえば二酸化炭素の場合、分子量は 44 ですから、これが 6.02×10^{23} 個集まることで、$44\,g$ となるのです。

　このように、原子・分子・イオンなどの粒子がアボガドロ定数だけ集まることで、原子量・分子量・式量に「g」がついた質量となる、と換算できます。このように考えるのは非常に便利なので、粒子の数はこれを基準として数えます。

　そこで、原子・分子・イオンが 6.02×10^{23} 個集まったのを「$1\,mol$（モル）」と数えることにします。そして、このような数え方を**物質量**と呼ぶのです。

　このような数え方をすると、ものの中にどのくらいの粒子があるか、簡単に計算できるようになります。

14 物質量（2）

身近に存在する空気は、気体分子の集まりです。目に見えませんが、どのくらいの数があるのでしょうか。

Point

気体分子の数は、気体の種類に無関係

　ある体積の中に含まれる気体分子の数は、温度や圧力といった条件によって変わる。ただし、逆にいえば温度や圧力が一定でありさえすれば、一定体積中に含まれる気体分子の数は一定となる。

　これは、気体の種類に関係なく、標準状態（0℃、1気圧）においては、体積22.4 Lの中に1 mol（6.02×10^{23}個）の気体分子が含まれている。これを**アボガドロの法則**という。

膨大な数の気体分子が気圧を生む

　普段暮らしている空間でも、**アボガドロの法則は成り立っています**。もちろん、温度や圧力は変化しますが、標準状態から大きく変わるわけではないので、22.4 L中に1 molという値から大きくずれることはありません。

　22.4 Lとは、2 Lペットボトルでいえば約11本です。たったそれだけの中に、1億とか1兆とかいった数とは比べものにならないほどの気体分子が入っているのです。

　しかも、それらは秒速数百メートルという速さで空間を飛び交っています。気体分子どうしは絶えず衝突しているイメージです。

　そして、それらは私たちの身体にも衝突します。私たちは、気圧を受けながら生活しています。気圧は、気体分子が衝突する力から生まれているのです。1つの気体分子は目に見えないほど小さく、それがぶつかったからといって大きな力は受けません。しかし、その数があまりに多いのです。そのため、合計の力がものすごい大きさとなっているのです。

　空気中のチリやホコリを極限まで除去して清浄に保っているのが、クリーンルームです。半導体や電子回路の製造、医薬品や化粧品の製造など、クリーンルームの用途は多岐にわたります。

　クリーンルームは、どのくらい清浄なのでしょう。ISO（国際標準化機構）ではレベル別に「クラス1」「クラス2」などと定めていて、用途によってさまざまです。

　最も清浄度が高いのがクラス1です。これは、何と空間$1\,\mathrm{m}^3$の中に$0.1\,\mu\mathrm{m}$$\left(\dfrac{1}{10000}\,\mathrm{mm}\right)$以上の粒子が10個以下という環境を指します。次がクラス2で、空間$1\,\mathrm{m}^3$の中に$0.1\,\mu\mathrm{m}$以上の粒子が100個以下です。クラス3だと1,000個以下、……と続きます。

　$1\,\mathrm{m}^3$の中に10個や100個と聞くとたいしたことはないように思うかもしれません（「普通の空気中でも、チリやホコリの数はそのくらいじゃないの？」と思う方もあるかもしれません）、とんでもありません。たった$22.4\,\mathrm{L}$（$0.0224\,\mathrm{m}^3$）の中に6.02×10^{23}個もの気体分子があるのです。これと比較すれば、$1\,\mathrm{m}^3$の中に10個や100個というのがいかにすごいレベルであるか実感してもらえると思います。

この中には、$6.02\times10^{23}\times\dfrac{1}{0.0224}$＝約$2.7\times10^{25}$個もの気体分子がある。

その中に、チリやホコリを10個や100個しかないようにする技術はものすごい！

15 化学反応式と量的関係

化学反応式は、物質が化学変化する様子を表すだけではありません。
どのような量の関係で化学変化が起こるのかも示してくれるのです。

Point

化学反応式の係数の比が、反応する物質量の比を表す

化学反応式は、次のように化学変化の様子に合わせて反応に関わる粒子の個数についての情報も与えてくれる。

例：　　　　　CH_4　$+$　$2O_2$　　$\rightarrow$　　CO_2　$+$　$2H_2O$

（分子）　1個　と　2個　が反応して　1個　と　　2個　　ができる

ただし、実際には無数の分子が一気に反応する。そこで、6.02×10^{23}個を1単位（1 mol）として分子を数える。すると、

　　　　　　　CH_4　$+$　$2O_2$　　$\rightarrow$　　　CO_2　$+$　$2H_2O$

（分子）　1個　と　2個　が反応して　1個　と　　2個　　ができる

↓ 6.02×10^{23}個集まると

（物質量）1 mol　と　2 mol が反応して　1 mol　と　　2 mol　　ができる

のように、反応する物質量の関係を求められる。

以上のことを整理すると、「**化学反応式の係数の比＝反応する物質量 (mol) の比**」と表すことができる。

📖 **化学反応式の利用法**

上の関係は、実際には次のようにして使います。

たとえば、ガスコンロなどで使用するプロパンC_3H_8を燃焼することを考えてみます。プロパンは、

　　　　C_3H_8　　$+$　　$5O_2$　　$\rightarrow$　　$3CO_2$　　$+$　　$4H_2O$

のように燃焼して二酸化炭素と水（水蒸気）に変化します。このとき、燃やし

たプロパンの量に応じてどのくらいの二酸化炭素や水が発生するのでしょうか。

　特に、二酸化炭素は温室効果ガスとして注目されています。その排出量を見積もることが必要とされる場面が多くあります。たとえば、プロパンが44g燃える場合は、次のように計算できます。

$$C_3H_8 \quad + \quad 5O_2 \quad \rightarrow \quad 3CO_2 \quad + \quad 4H_2O$$

$$44g \qquad\qquad\qquad\qquad 44 \times 3 = \underline{132\,g} \quad 18 \times 4 = \underline{72\,g}$$

$$\downarrow \qquad\qquad\qquad\qquad\qquad \uparrow \qquad\qquad \uparrow$$

1mol　　は　5mol　　と反応して　3mol　　と　4mol　　できる

🖥️ Business　ガソリンを燃やしたときに排出される二酸化炭素の量

　ガソリンの化学式は、C_nH_{2n} と表すことができます（n にはいろいろな数字が入ります。$n = 10$ なら $C_{10}H_{20}$、$n = 20$ なら $C_{20}H_{40}$ という感じです。ガソリンは、n にいろいろな数字が入ったものの混合物です）。

　ガソリンが燃焼するときの化学反応式は、次のように表されます。

　$2C_nH_{2n} \quad + \quad 3nO_2 \quad \rightarrow \quad 2nCO_2 \quad + \quad 2nH_2O$

　ここから、ガソリン1molが燃焼すると二酸化炭素が n（mol）発生することがわかります。

　さて、ガソリン1Lは約0.75kg＝750gです。ここで、ガソリンの分子量は $12n + 2n = 14n$ なので、ガソリン750gは $\dfrac{750}{14n}$（mol）となります。そして、それを燃やしたときに発生する二酸化炭素は、$\dfrac{750}{14n} \times n$（mol）、すなわち、$\dfrac{750}{14}$ molと求められます。

　これは、質量に換算すると（二酸化炭素の分子量は44なので）、

$$44 \times \frac{750}{14} = 約2357\,g = \underline{約2.4\,kg}$$

となります。

　これを体積に換算すると（標準状態で計算すると）、$22.4 \times \dfrac{750}{14} = \underline{1200\,L}$ となります。

　このようにして、ガソリンを燃やしたときに排出される二酸化炭素の量を求めることもできます。

16 酸と塩基

液体の性質を示す指標のひとつに、酸性の度合い（塩基性の度合い）があります。pHという値によって、これを簡潔に示すことができます。

Point

酸性（塩基性）の度合いは、H^+ の濃度で評価する

水溶液の酸性の度合いは、水素イオン（H^+）の濃度によって決まる。どのような水溶液にも、H^+ と OH^- の両方が必ず含まれている。そのどちらのほうが多いか（濃いか）で、液性が決まる。

- 酸性：$[H^+] > [OH^-]$
- 中性：$[H^+] = [OH^-]$
- 塩基性：$[H^+] < [OH^-]$

ここで $[H^+]$ は H^+ のモル濃度（23参照）を、$[OH^-]$ は OH^- のモル濃度を表す。

pHの定義の仕方

溶液が中性の場合、$[H^+] = [OH^-]$ となります。その具体的な値は溶液の温度によって変わるのですが、25℃のときには $[H^+] = [OH^-] = 10^{-7} \text{mol/L}$ です。

さらに、液性が変われば $[H^+]$ や $[OH^-]$ の値も変化するわけですが、変化しながら、「$[H^+] \times [OH^-] = 10^{-14} (\text{mol/L})^2$」という関係を満たし続けます。

つまり、溶液の $[H^+]$ さえ調べれば、$[OH^-]$ については検討する必要がないことがわかるのです。

そこで、$[H^+]$ をもとに溶液の酸性（塩基性）の度合いを表す方法が登場します。pHです。pHは、$[H^+]$ をもとに次のように定義されます。

$$[H^+] = 10^{-\square}\,\text{mol/L のとき、pH} = \square$$

※□には数字が入る

　ここで、酸性が強くなるほどpHは小さくなることに注意が必要です。このことは、次のような例で確かめられます。

　液体A：$[H^+] = 10^{-2}\,\text{mol/L}$
　液体B：$[H^+] = 10^{-3}\,\text{mol/L}$
　　　　　　↓
　$[H^+]$ が大きいのはAなので、Aのほうが酸性が強い。
　このとき、pHが大きいのはBとなる

　溶液が中性なら、$[H^+] = 10^{-7}\,\text{mol/L}$なのでpHは7となります。これを境目として、酸性であればpH＜7、塩基性ならpH＞7となるのです。

Business pHは品質管理にも活用されている

　液体のpHを調べることは、品質管理に欠かせません。たとえば、酒や醤油の品質が保たれているかを調べるひとつの指標がpHなのです。

　pHは、pHメーターというものを使って簡単に調べられます。これは1930年代後半にアメリカで開発され、日本にも輸入されました。しかし、日本の湿気の影響などで壊れることが多かったそうです。

　1951年には日本向けのpHメーターが開発されましたが、それに先だって1931年にpH試験紙が開発されました。細かな値までは知ることができませんが、おおまかにはpHがわかるというものです。現在も、学校の実験などでは多く用いられます。

　これは、当初は水素イオン濃度試験紙と呼ばれていました。このことから、pHが水素イオン濃度を表すものだとわかります。

17 中和反応

酸と塩基を混ぜると、互いの性質を打ち消し合う反応が起こります。これを中和反応といい、いろいろな場面で活用されています。

Point

中和反応は水が生成される反応である

酸とは水素イオンH^+を放出するもの、塩基とはOH^-を放出するものと定義される。

H^+、OH^-それぞれが、酸および塩基としての性質を表す。両者を混ぜると、H^+とOH^-が反応することになる。この反応は、「$H^+ + OH^- \rightarrow H_2O$」と示される。

この反応によって、H^+、OH^-ともに減少するため、互いの性質が打ち消されることになる。これを**中和反応**という。

📖 中和滴定によって酸または塩基の正確な濃度を知る

酸性または塩基性の溶液の濃度は、**中和滴定**という実験操作によって正確に知ることができます。

中和滴定は、次の手順で行います。

例：濃度がわからない酢酸水溶液を水酸化ナトリウム水溶液と中和させて濃度を求める

①酢酸を希釈する場合、次のように行う

②一定量の酢酸水溶液をコニカルビーカーへ入れ、フェノールフタレインを数滴
　加える

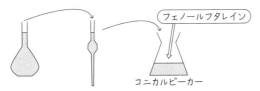

フェノールフタレイン

コニカルビーカー

③濃度がわかっている水酸化ナトリウム水溶液をビュレットに入
　れ、これをフェノールフタレインが変色するまで酢酸水溶液へ
　加える

ビュレット

以上の操作を通して、たとえば、

- 使用した酢酸水溶液の体積：10 mL（希釈後）
- 使用した水酸化ナトリウム水溶液の濃度：0.10 mol/L
- 使用した水酸化ナトリウム水溶液の体積：8.0 mL

　だったとすると、次のように酢酸（希釈後）の濃度を求めることができます。

$$\underset{H^+ の物質量}{x\,(\text{mol/L}) \times \frac{10}{1000}\,\text{L} \times 1} = \underset{OH^- の物質量}{0.10\,\text{mol/L} \times \frac{8.0}{1000}\,\text{L} \times 1}$$

両辺にかかっている1は、酢酸および水酸化ナトリウムの価数より、
$x = 0.080\,\text{mol/L}$ となります。

Business｜トイレの消臭剤への活用

　トイレの消臭剤には、中和反応を利用するものがあります。

　アンモニアは、トイレの臭いの原因となります。アンモニアは塩基性なので、
酸性のクエン酸を使って中和させ、臭いを抑えることができるのです。逆に、足
の臭いのもとは酸性の物質が原因となっています。したがって、塩基性の重曹の
水溶液で臭いを抑えることができます。

　自然環境の保護にも、中和反応が活用されます。たとえば、草津温泉のお湯は
強い酸性なので、そのまま川へ流すと環境に悪影響を与えてしまいます。そこで、
塩基性である石灰石を川へ投入し、中和反応を起こして酸性化を抑えています。

18 状態変化と熱

物質には、固体・液体・気体の3つの状態が存在します。状態を変化させるときには、熱を出したり吸収したりします。

Point

☝ エネルギーを失うときに、熱を放出する

物質は、次のように3つの状態の間で変化する。

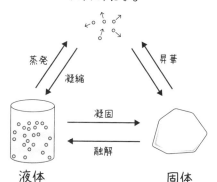

気体
粒子が自由に飛び回り
バラバラになる

蒸発　　凝縮　　昇華

凝固　　融解

液体
粒子が自由に移動できるが、
集まっている

固体
粒子が一定の位置にいて、
そこで移動している

このとき、物質が蓄えているエネルギーの大小関係は、「気体＞液体＞固体」となる。

　物質は、エネルギーがより大きい状態へ変化するときには周囲から熱を吸収し、逆にエネルギーがより小さい状態へ変化するときには周囲へ熱を放出する。つまり、

- 融解、蒸発：熱を吸収する
- 凝縮、凝固：熱を放出する

となる。

📖 化学の世界で使う絶対温度

ものの温度とは、その物質を構成する粒子（原子や分子など）の熱運動の激しさを表す指標です。粒子の無秩序な動きを**熱運動**といいますが、温度が高い状態とはそれが激しくなった状態をいうのです。

熱運動は、理論上はどれだけでも激しく（速く）なり得ます。このことは、ものの温度に上限がないことを示しています。

逆に、熱運動が穏やかに（ゆっくりに）なるのが温度が下がるということです。この場合は、熱運動が停止すればそれで終わりです。つまり、**温度には下限がある**ということです。

温度の下限は、日常的に使用するセ氏温度では約 $-273℃$ です。つまり、たとえば $-274℃$ などのものは世の中に絶対存在しないということです。

そうであるなら、下限をスタートとして温度を示すほうが化学（科学）の世界では便利です。そこで、これ（約 $-273℃$）を絶対零度とし、「**0 K（ケルビン）**」と表します。そして、セ氏温度と同じ目盛りで刻むと、次のように温度を定義できます。

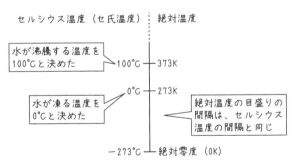

Business calとJの使い分け

従来、熱量の単位としては**cal（カロリー）**が使用されていました。この単位は、現在でも、たとえば食品に含まれる熱量などを表す際に使用されています。1 cal は、水1 g の温度を1℃上昇させることができる熱量のことです。

その後、熱はエネルギーのひとつの種類であることがわかり、エネルギーの単位である**J（ジュール）**を熱量にも用いるようになりました。

19 気液平衡と蒸気圧

「蒸気圧」はよく聞く言葉ですが、意味が正確に理解されていないことが意外とあります。

Point

「蒸気圧」とは、平衡状態に達したときの圧力のこと

密閉容器内に液体を入れて放置すると、次のように変化していく。

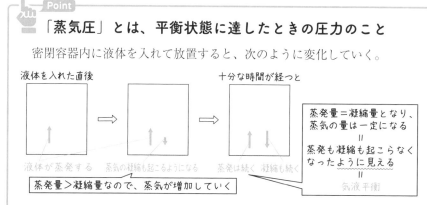

液体を入れた直後

液体が蒸発する　　蒸気の凝縮も起こるようになる

蒸発量＞凝縮量なので、蒸気が増加していく

十分な時間が経つと

蒸発は続く　凝縮も続く

蒸発量＝凝縮量となり、蒸気の量は一定になる
＝
蒸発も凝縮も起こらなくなったように見える
＝
気液平衡

　気液平衡のときの蒸気（気体）の圧力を**蒸気圧**（または飽和蒸気圧）という。つまり、液体は蒸気圧になるまで（＝気液平衡になるまで）蒸発を続け、蒸気圧になると見かけ上蒸発がストップする。

液体がなくなってしまえば蒸気圧に達しないことも

　Pointで説明したように、容器の中は最終的には**平衡状態**に達します。ただし、蒸気（気体）の圧力が蒸気圧に達する前に液体がすべてなくなってしまえば、蒸気圧に達することはありません。

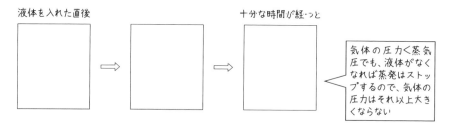

液体を入れた直後

十分な時間が経つと

気体の圧力＜蒸気圧でも、液体がなくなれば蒸発はストップするので、気体の圧力はそれ以上大きくならない

なお、蒸気圧の値は**温度によってのみ決まる**（高温ほど大きくなる）ことも重要です。密閉容器の体積を変えたり、他の気体が共存したりしていても蒸気圧の値は変わらないのです。

⌨Business　圧力鍋の仕組み

　ここで、蒸発と沸騰の違いを確認しておきます。

- **蒸発**

　液体の表面で液体が気体になる現象のことをいい、沸点に達していなくても起こります。

- **沸騰**

　液体の表面だけでなく、内部でも蒸発が起こって気泡が発生し、その気泡がつぶれずに上昇していく現象のことです。沸騰は、沸点に達しないと起こらない現象であり、「温度Tでの蒸気圧 ＝ 大気圧」となる温度Tが沸点となります。

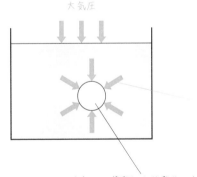

大気圧

大気圧と等しい圧力で押される
（正確には液体の重量の分だけ圧力は大きく
なるが、無視できる程度である）

内部での蒸発により発生した気泡

　このことから、外気圧が高ければより高温にならないと沸騰が始まらないことが理解できます。たとえば、調理に使う圧力鍋では、密閉空間を作り出して内部の圧力を高めます。そのため、普通より高い温度になって沸騰が始まるため、高温かつ短時間で調理できるのです。化学は調理にも関係しているのですね。

20 気体の状態方程式

気体の状態は、「体積」「圧力」「温度」といった値によって示されます。これらの値の間に成り立つ関係は、たった1つの式で表されます。

Point

状態方程式のベースは「ボイルの法則」と「シャルルの法則」

気体分子は目に見えないが、ものすごい速さ（空気中だと、約$500\,\mathrm{m/s}$）で飛び回っている。これを**気体分子の熱運動**という。

気体分子が物体に衝突することによって、物体に圧力を及ぼす。

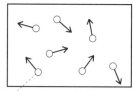

気体分子　　　衝突によって圧力が生じる

気体に関する次の2つの法則は、気体分子の熱運動をイメージすると理解しやすい。

ボイルの法則

一定量の気体について、温度が一定なら$PV = $ 一定である。

（P：気体の圧力　　　V：気体の体積）

シャルルの法則

一定量の気体について、圧力が一定なら$\dfrac{V}{T} = $ 一定である。

（T：気体の絶対温度）

📖 1つの値を一定にして2つの値の変化を考える

ボイルの法則とシャルルの法則は、次のような例を通して理解できます。

ボイルの法則の例：温度一定で体積を2倍にした場合

温度一定：気体分子の熱運
動の激しさは変わらない
体積2倍

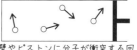

壁やピストンに分子が衝突する回
数が$\frac{1}{2}$になる＝圧力が$\frac{1}{2}$になる

シャルルの法則の例：圧力一定で温度を2倍にした場合

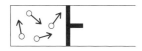

温度2倍：気体分子の熱運動
が激しくなる

壁やピストンへの分子の衝突が
激しくなるので、もし体積が変
わらなかったら圧力が大きくな
ってしまう。圧力を一定に保つ
ためには、体積を大きくする必
要がある

　このように、基本的には1つの状態量が一定の場合について考えると、2つの法則を理解しやすくなります。

　ただし、実際には3つの状態量がすべて変化するパターンが多くなります。その場合は、ボイルの法則とシャルルの法則を1つにまとめた次のような状態方程式を使って考えるのが便利です。

　　　状態方程式：$PV = nRT$　（n：気体のmol数　　R：気体定数）

Business エレベーターで高い位置に急上昇すると耳が痛くなる理由

　エレベーターに乗って高い位置へ急上昇すると、耳が痛くなることがあります。これは、周囲の気圧が低くなることで耳の中の空気が膨らむために起こる現象です。まさに、ボイルの法則です。

　これは、飛行機に乗ったときにも感じることがあります。これを防ぐため、飛行機では内部の加圧を行っています。

　飛行機は、上空約10kmの位置を飛びます。これほど高いので、周囲の気圧は地上に比べてずっと小さくなっています。

21 ドルトンの分圧の法則

大気中では、いろいろな種類の気体が混合しています。その場合には、状態方程式をどのように使えばよいのでしょうか。

Point

気体の量の比率は、圧力の比率から求められる

2種類以上の気体が均一に混合したものを**混合気体**という。「均一に」とは、「体積と温度が等しい状態」を意味する。

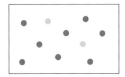

● 窒素分子N_2
● 酸素分子O_2

ともに容器全体に分布しているので体積が等しく、混合しているので温度も等しくなる

混合気体中のそれぞれの気体の分圧Pは、各気体のmol数nに比例する。

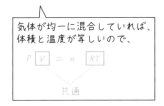

気体が均一に混合していれば、
体積と温度が等しいので、

$$P \boxed{V} = n \boxed{RT}$$

共通

また、全圧（混合気体全体の圧力）＝分圧の和となる（混合気体の各成分の圧力を足し合わせたら当然、全体の圧力になる）。

📖 空気の平均分子量を求める

分圧の考え方を理解できると、次のような計算によって各分圧を求められることがわかります。

例：n_A（mol）の気体Aとn_B（mol）の気体Bを混合して、全体の圧力がP
　　となった場合、

$$気体Aの分圧 P_A = \frac{n_A}{n_A + n_B}P$$

$$気体Bの分圧 P_B = \frac{n_B}{n_A + n_B}P$$

　　と求めることができる。

　この考え方を使うと、たとえば**空気の平均分子量**を求められます。

　混合気体では2種類以上の気体が混合しており、気体の分子量は成分ごとに異なります。しかし、混合気体を1種類の気体であるかのように考えて分子量を求めるのが、平均分子量という考え方です。

例：分子量M_Aの気体Aと分子量M_Bの気体Bが、$n_A : n_B$のmol数比で混
　　ざっている混合気体

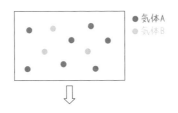

● 気体A
● 気体B

⇩

　　気体Aがn_A（mol）、気体Bがn_B（mol）ある場合、

　　全体の質量 $= (M_A \times n_A + M_B \times n_B)$g

　　であり、全体のmol数は$n_A + n_B$（mol）なので、全体を1種類の気体とみなすと、

$$分子量 = 1\,mol の質量 = \frac{M_A n_A + M_B n_B}{n_A + n_B}\,(g/mol)$$

　　と求められる。これが混合気体の平均分子量である。

　空気を窒素：酸素 = 4：1の混合気体だと考えると、窒素が4 mol、酸素が
1 molある場合、「全体の質量 = $(28 \times 4 + 32 \times 1)$g」であり、全体で5 molです。
　この混合気体を1種類の気体とみなすと、

$$分子量 = 1\,mol の質量 = \frac{28 \times 4 + 32 \times 1}{5} = \underline{28.8}$$

と求められます。これが空気の平均分子量です。

22 溶解平衡と溶解度

液体には、気体や固体といったものが溶解します。溶かすことができる最大量は、法則に従って決まっています。

Point

気体が溶解する量は分圧に比例する

一定量の溶媒に溶かすことができる量を**溶解度**という。

気体の場合、溶解度はその気体の圧力と温度によって、次のように変化する。なお、混合気体が存在する場合は、ある気体の圧力を「分圧」と表現する。

> 気体の溶解度は、その気体の分圧に比例する（ヘンリーの法則）… ①
> 気体の溶解度は、温度が高くなるほど小さくなる　　　　　… ②

①は、溶解度の小さい気体についてのみ成り立つ法則であり、アンモニアや塩化水素など溶解度の大きい気体については成り立たない。また、①は「溶解する気体の（その分圧の下での）体積は、分圧によらず一定である」と表現することもできる。これは①に矛盾するようにも思えるが、次のような具体例で考えると、①と同じことをいっていると理解できる。

例：分圧 P のときの溶解度が n（mol）の気体を、分圧を $2P$ にして溶解させると、

- 溶ける量は $2n$（mol）となる（⇒体積は2倍となる）
- 圧力が2倍になるので、体積は反比例して $\frac{1}{2}$ 倍となる

結局、溶解する気体の（その分圧の下での）体積は変わらないことがわかる

また、②は固体の場合とは逆なので（固体の場合は、温度が高くなるほど溶解度が大きくなる）、注意が必要である。

似たものどうしだと溶解度が大きくなる

溶液は、物質を溶かす**溶媒**と、溶媒中に溶ける**溶質**とで成り立っています。ただし、溶媒と溶質の組み合わせによって、よく溶ける場合もあれば、ほとんど溶けない場合もあります。

例外はありますが、おおよそ次の原則に従って考えれば溶質が溶媒に溶けるかどうかを判断できます。

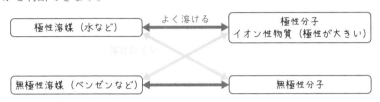

整理すると、極性を持つものどうし・ほとんど極性を持たないものどうしの組み合わせだとよく溶けることになります。つまり、似たものどうしでよく溶けるということです。この理由は、次のように理解できます。

● 極性どうしの場合（よく溶ける）

極性分子またはイオン性物質を水（極性分子）中に溶かすと、電気的な引力によって水分子に引きつけられ、水分子に取り囲まれるようにして溶けていきます。この現象を**水和**<small>（すいわ）</small>といいます。

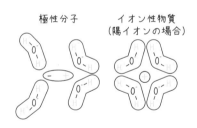

● 無極性どうしの場合（よく溶ける）

無極性分子の間の分子間力は弱いので、無極性分子は無極性の溶媒（ベンゼンなど）中に自然と拡散して溶けていくのです。

● 極性と無極性の場合（溶けにくい）

溶質と溶媒の一方が極性を持ち、もう一方が無極性の場合、極性を持つものどうしが強い結合力のために固まってしまうため、溶けにくくなります。

23 濃度の換算

溶液の濃度を表す方法は、いくつかあります。異なる表し方の間でスムーズに換算できるようになると、活用しやすくなります。

> **Point**
>
> ### 物質量を使って溶液の濃度を表す
>
> 溶液の濃度はいろいろな表し方があるが、よく使われるのは次の2つである。
>
> $$質量パーセント濃度(\%) = \frac{溶質の質量}{溶質の質量 + 溶媒の質量} \times 100$$
>
> $$モル濃度(mol/L) = \frac{溶質の物質量(mol)}{溶液の体積(L)}$$
>
> また、次の表し方もある。
>
> $$質量モル濃度(mol/kg) = \frac{溶質の物質量(mol)}{溶媒の質量(kg)}$$
>
> これは、溶液の沸点上昇や凝固点降下を求めるときに必要になる（次節参照）。

溶液1Lについて考えるのが、単位換算のコツ

次の例で、濃度の単位を変換する練習をしてみましょう。

練習：質量パーセント濃度が49％、密度が1.6 g/mLの濃硫酸のモル濃度を求めよ。

このとき、濃硫酸が何mLあるのか書いてありません。しかし、体積を決めた

ほうが計算しやすくなります。そこで、濃硫酸の体積は1Lとして考えます。

溶液の体積が変わっても、モル濃度は変わりません。そうであるなら、**計算しやすい値に自由に決めればよい**のです。

1Lの濃硫酸全体の質量（g）は、「溶液全体の質量（g）＝密度（g/mL）×溶液全体の体積（mL）」から、$1.6\,\text{g/mL} \times 1000\,\text{mL} = 1600\,\text{g}$　と求められます。

また、この中に含まれる溶質H_2SO_4の質量（g）は、

$$溶質の質量(g) = 溶液全体の質量(g) \times \frac{質量パーセント濃度(\%)}{100}$$

から、$1600\,\text{g} \times \dfrac{49}{100} = 784\,\text{g}$　と求められます。

$H_2SO_4\ 98\,\text{g}$が$1\,\text{mol}$なので、$784\,\text{g}$は$\dfrac{784}{98} = 8.0\,\text{mol}$です。

よって、

$$モル濃度(\text{mol/L}) = \frac{8.0(\text{mol})}{1.0(\text{L})} = 8.0\,\text{mol/L}$$

と求められます。

🖥️ Business 大気中の二酸化炭素濃度を表す単位

濃度が非常に小さい場合、単位に「ppm」や「ppb」を使う場合もあります。ppmは、parts per millionの略で、100万分の1という意味です。つまり、1ppmで100万分の1という濃さを示します。

現在、大気中の二酸化炭素濃度の上昇が問題となっています。これも、ppmを使って表されることがほとんどです。地球上の二酸化炭素の濃度は、およそ400ppmです。温暖化の問題を考える上で、知っておくべき値です。

なお、ppbはparts per billionの略で、10億分の1を示します。より微量な成分の濃度を示すのに用いられます。

数値を表す単位は実にさまざまです。新聞などで示されるものにも、必ず単位がついています。それを正しく知っておくことで、より深く理解できるようになります。

24 沸点上昇と凝固点降下

希薄溶液の性質として、沸点上昇、凝固点降下、浸透圧の3つが重要です。まずは、沸点上昇と凝固点降下について説明します。

Point

蒸気圧が下がるから沸点が上昇する

純粋な水に溶質を溶かすと、次のような仕組みで蒸気圧が下がる。

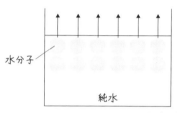 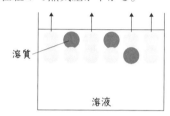

水分子

純水

溶質

溶液

溶媒は蒸発できないので、その分だけ蒸気圧が下がる

この現象を**蒸気圧降下**という。

純水であれば100℃のときの蒸気圧が大気圧と等しくなるが、溶液だと蒸気圧降下のために100℃の蒸気圧は大気圧より小さくなってしまう。つまり、蒸気圧を大気圧と等しくするためには100℃より高い温度にする必要がある。

大気圧＝蒸気圧となると沸騰が起こるので、純水は100℃で沸騰するが、溶液は100℃より高い温度でないと沸騰しない。この現象を**沸点上昇**という。

つまり、蒸気圧が下がることが原因で、溶液の沸点は上昇するのである。

沸点上昇度と凝固点降下度は、類似の式で求められる

溶液の沸点が純水に比べてどれだけ高くなるかを**沸点上昇度**といい、次の式で求められます。

$$\Delta t = K_b \times m$$

Δt：沸点上昇度（℃）

K_b：モル沸点上昇（溶媒の種類によって決まり、溶質の種類には無関係な定数）

m：溶液の質量モル濃度（mol/kg）

$$質量モル濃度(mol/kg) = \frac{溶質の物質量(mol)}{溶媒の質量(kg)}$$

　なお、沸点上昇度の大きさは溶けた溶質の粒子数によって決まるので、溶液の質量モル濃度は粒子数として求める必要があることに注意が必要です。

例：1 molのNaClをM（kg）の溶媒に溶かしたとき、

　　NaClは溶液中でNaCl→Na$^+$＋Cl$^-$ と電離するので、

　　1 molのNaClは電離して2molのイオン粒子となる。

　　よって、このときの溶液の質量モル濃度は$\frac{2}{M}$（mol/kg）として計算する。

　続いて、凝固点降下です。純粋な水に溶質を溶かすと、溶質が邪魔になって凝固しにくくなるため、凝固点が下がります。

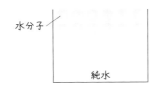

水分子

純水

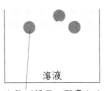

溶液

溶質が凝固の邪魔をする

　この現象を**凝固点降下**といいます。純水に比べて凝固点がどれだけ下がるかを**凝固点降下度**といい、沸点上昇度と同じ形の式で求められます。

$$\Delta t = K_f \times m$$

Δt：凝固点降下度（℃）

K_f：モル凝固点降下（溶媒の種類によって決まり、溶質の種類には無関係な定数）

m：溶液の質量モル濃度（mol/kg）

※沸点上昇の場合と同じく、溶液の質量モル濃度は粒子数として求める必要がある

浸透圧

希薄溶液のもうひとつの性質として重要なのが浸透圧です。これを利用して、海水を真水に変えることもできます。

Point

浸透圧は「浸透してくる圧力」

次のように、純粋な溶媒と溶液が半透膜によって仕切られている状態を考える。

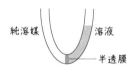

半透膜は、溶媒粒子は通過できるが溶質粒子（溶媒粒子より大きい）は通過できないような大きさの穴が開いている膜である。

純溶媒中にも溶液中にも溶媒粒子が存在するので、純溶媒→溶液の向きにも、溶液→純溶媒の向きにも溶媒粒子が移動するが、次のように純溶媒→溶液の向きに移動する溶媒粒子のほうが多くなる。

溶質粒子の分だけ、右から左へ
移動する粒子数は少なくなる

このように溶媒粒子が移動する現象を**浸透**といい、純溶媒から溶液へ浸透してくる圧力を溶液の**浸透圧**という。

溶液の浸透圧とは、溶液が「浸透していく圧力」ではなく、溶液へ「浸透してくる」圧力であることに注意が必要である。

浸透圧を求める式は、気体の状態方程式に似ている

浸透が起こると、次ページの図のように液面に高低差ができます。

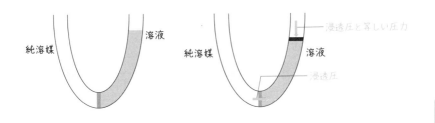

　このとき、高低差が生じないようにするためには、上図の右のように**溶液側に浸透圧と同じ大きさの圧力をかける**必要があります。

　また、溶液の浸透圧の大きさπは、次の式で求めることができます。

$$\pi = CRT$$

　　C：溶液のモル濃度（mol/L）（この場合も、溶液のモル濃度は粒子数として求める）

　　R：（理想気体の状態方程式の）気体定数

　　T：絶対温度（K）

　ここで、溶液のモル濃度$C = \dfrac{n}{V}$（V：溶液の体積　　n：溶質のmol）と表せるので、上の式は、「$\pi = \dfrac{nRT}{V}$」、すなわち「$\pi V = nRT$」と、理想気体の状態方程式と同じ形になります。

　理想気体の状態方程式と意味は違うのですが、同じ形だと考えると覚えやすくなります。

〔Business〕海水を真水にする方法

　上の図において、浸透圧以上の力を溶液側に加えたらどうなるでしょうか。その場合は、普通の浸透とは逆向きに溶媒が移動していくことになります。これは**逆浸透**と呼ばれる現象で、これを行うと純溶媒を増やすことができます。

　地球では、水資源の確保が重要な課題となっています。ただし、海には水がふんだんにあります。これを逆浸透によって真水にする（淡水化）方法が、水不足の地域や大型船舶で活用されています。また、製薬用の無菌水の製造、電子工業用の超純水の製造、濃縮還元ジュース用の濃縮液の製造などでも、逆浸透が活躍しています。

教養 ★★★	実用 ★★	受験 ★★★★

26 コロイド溶液

直径が10^{-7}~10^{-5}cm程度の粒子をコロイド粒子といい、これを水に溶かすと透明ではないが沈殿もしない液体になります。これをコロイド溶液といいます。

コロイド粒子は3つに分類される

コロイド粒子は、普通の溶液の溶質（直径10^{-7}cm以下）より大きいので半透膜は通過できないが、ろ紙は通過できる。

コロイドは、粒子のでき方によって次のように分類される。

①分子コロイド：巨大な分子が、分子1個でコロイド粒子になったもの
（例：タンパク質、デンプン）

親水基を多く持つので、水分子に囲まれて水中で安定する

②会合コロイド：親水基と疎水基を持つ50~100個の分子が、疎水基を内側にして集まってコロイド粒子になったもの（例：石鹸）

水分子に囲まれて水中で安定する

③分散コロイド：本来はその溶媒に溶けない物質が、何らかの原因で表面に電荷を帯びたコロイド粒子（例：泥水の泥、硫黄、金属、水酸化鉄（Ⅲ））

反発力のために分散して沈殿しない

📖 コロイド溶液の特有の性質

コロイド溶液には、次のような性質があります（①〜③はコロイド粒子の大きさが関係、④は電荷が関係する現象）。

①**チンダル現象**……コロイド溶液に光を通すと、コロイド粒子によって光が散乱されるため光の通路が見える現象

②**ブラウン運動**……コロイド粒子の周りの多数の溶媒分子のランダムな衝突のため、コロイド粒子が不規則に運動する現象

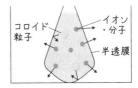

③**透析**……イオンや分子は半透膜を通過できるが、コロイド粒子は半透膜を通過できないことを利用してコロイド溶液を精製すること

④**電気泳動**……コロイド溶液に電圧をかけるとコロイド粒子が移動する現象

Fe(OH)₃のコロイドは正に帯電しているので、陰極側へ移動する

💻Business 腎臓の透析のメカニズム

人体においては、腎臓が透析を行っています。血液中から、水、イオン、グルコース、老廃物などを排出し、原尿（尿のもと）を作ります。これらは小さな粒子でできたものです。それに対して、血球やタンパク質など大きな粒子でできたものは、血液中に残します。

このように、粒子の大きさの違いを利用して透析しているのです。

なお、腎臓の機能を補うために行われるのが人工透析です。人工腎臓を用いて血液を透析しますが、人工腎臓には当然半透膜が用いられているのです。

27 熱化学方程式

熱化学方程式は、見た目は化学反応式と似ています。しかし、表す内容には違いがあり、それを理解すると活用の幅が広がります。

✋ Point

熱化学方程式と化学反応式との違い

● 熱化学方程式中の化学式……各物質のエネルギーを表す

● 熱化学方程式中の化学式の係数……各物質の mol 数そのものを表す

このように、化学反応式と違う点がある。

（例）　熱化学方程式　CH_4（気）＋$2O_2$（気）＝$2H_2O$（液）＋CO_2（気）＋890 kJ は、「CH_4（気）1 mol のエネルギー ＋ O_2（気）2 mol のエネルギー」と「H_2O（液）2 mol のエネルギー ＋ CO_2（気）1 mol のエネルギー ＋ 890 kJ」が等しいことを表している。図で表すと、次のようになる。

📖 熱化学方程式の書き方

熱化学方程式の意味を理解できると、必要に応じて式が書けるようになります。以下の例で説明します。

例1：液体の水 1 mol が蒸発して水蒸気になるとき、41 kJ の熱を吸収する

熱を吸収すると、その分だけ物質のエネルギーは大きくなります。よって、次ページの図のような関係であることがわかります。

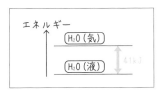

つまり、H_2O（気）$1\,\mathrm{mol}$のエネルギーは、H_2O（液）$1\,\mathrm{mol}$のエネルギーより$41\,\mathrm{kJ}$だけ大きいのです。このことを式で表すと、

$$H_2O \ （気） = H_2O \ （液） + 41\,\mathrm{kJ}$$

となります。

例2：メタノールCH_3OH（液）$1\,\mathrm{mol}$が完全燃焼して水（液体）と二酸化炭素になるとき、$726\,\mathrm{kJ}$の熱が発生する。

メタノールの完全燃焼の化学反応式は、次のように表せます。

$$CH_3OH + \frac{3}{2}O_2 \rightarrow 2H_2O + CO_2$$

また、この反応では熱が発生することから、反応後の物質のほうがエネルギーが小さいことがわかります。よって、次のような関係であることがわかります。

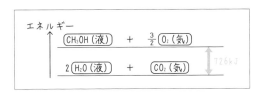

つまり、「CH_3OH（液）$1\,\mathrm{mol}$のエネルギー $+ O_2$（気）$\frac{3}{2}\,\mathrm{mol}$のエネルギー」は、「$H_2O$（液）$2\,\mathrm{mol}$のエネルギー $+ CO_2$（気）$1\,\mathrm{mol}$のエネルギー」より$726\,\mathrm{kJ}$だけ大きいのです。このことを式で表すと、

$$CH_3OH \ （液） + \frac{3}{2}O_2 \ （気） = 2H_2O \ （液） + CO_2 \ （気） + 726\,\mathrm{kJ}$$

となります。

28 酸化還元反応

酸化還元反応は、酸素が関わる反応に限定されたものではありません。酸素が関わらずとも、酸化還元反応が起こることはあります。

Point

酸化還元反応の本質は、電子の授受

● 酸化する ＝ 相手から電子を奪う

● 還元する ＝ 相手へ電子を与える

というのが、**酸化還元反応**に関する言葉の定義である。

このことが理解できると、

$$物質A \longrightarrow e^- \longrightarrow 物質B$$

という反応が起こったとき（e^- は電子を表す）、

　　AはBを還元した（BはAによって還元された）

　　BはAを酸化した（AはBによって酸化された）

といえることがわかる。

さらに、酸化還元反応が電子の授受であることがわかると、酸化と還元は必ず同時に起こることが理解できる。

酸化還元反応を酸素や水素の授受で理解する方法

酸化還元反応の本質は、**電子の授受**です。ただし、電子は目に見えない物質であり、実際の反応を電子の移動だけで理解しようとすると面倒なこともあります。

そこで、よく登場する酸素と水素の授受によって、酸化還元を理解する方法があります。その場合も、次に説明するように、本質には電子の授受があります。

- **酸素（O）の授受による定義**

> 酸素（O）と結びつく ＝ 酸化される
> 酸素（O）を失う　　 ＝ 還元される

（例）$2Cu + O_2 \rightarrow 2CuO$

…反応後、酸素（電子を引きつける力が強い）はマイナスの電気を持つようになる。そのため、それと結びつく銅はプラスの電気を持つようになる。つまり、酸素と結びつくことで銅は電子を奪われた（酸化された）ことが理解できる。

$$CuO + H_2 \rightarrow Cu + H_2O$$

…反応前、酸素はマイナスの電気を持っている。そのため、銅はプラスの電気を持っている。それが、酸素を手放すことでプラスではなくなる。つまり、酸素を失うことで銅はマイナスの電気（電子）を与えられる。

- **水素（H）の授受による定義**

> 水素（H）と結びつく ＝ 還元される
> 水素（H）を失う　　 ＝ 酸化される

（例）$H_2S + I_2 \rightarrow S + 2HI$

…水素（電子を引きつける力が弱い）はプラスの電気を持っている。そのため、反応前には水素と結合している硫黄がマイナスの電気を持っている。それが、水素を手放すことでマイナスの電気を失う（電子を失う）。また、反応前には電気を持っていなかったヨウ素は、水素と結びつくことでマイナスの電気を持つようになる（電子を与えられる）。

Business カイロが温かくなる仕組み

　冬の寒い日には、カイロを手放せない人も多いかもしれません。普通使われているのは、化学カイロと呼ばれるもので、化学反応を利用したものです。

　化学カイロの中には、細かく砕かれた鉄粉が入っています。これが、空気と触れ合うことで空気中の酸素と反応します。つまり、鉄粉が酸化されるのです。

　鉄粉の酸化反応は発熱反応です。この熱を利用しているのが、化学カイロになります。

29 金属の酸化還元反応

2種類以上の金属が関わる反応では、金属によって酸化されやすさが異なります。その仕組みは、電池や電気分解に応用されます。

Point

金属のイオン化列

　金属がイオンになるときには、陽イオンになる。つまり、イオン化するときに電子を手放すことである。

　金属は、種類によって陽イオンへのなりやすさに差がある。陽イオンになりやすい順に並べたものを**イオン化列**といい、次のように表される。

Li　K　Ca Na Mg　Al　Zn Fe Ni　Sn Pb (H) Cu Hg Ag Pt Au

　イオン化傾向が大きい金属ほど、他の物質と反応しやすいことも重要である。

イオン化列から、実現する反応と実現しない反応を見極められる

　硝酸銀（$AgNO_3$）水溶液に銅（Cu）を入れると、銅が溶けて銀（Ag）が析出する現象が起こります。硝酸銀水溶液には銀のイオンが含まれているのですが、銀以上にイオンになりやすい銅がその代わりにイオンになって溶けるのです。

　銅がイオンになるとき、電子を放出します。それを銀イオンが受け取り、銀は単体となって析出します。

　これを、逆にしたらどうなるでしょうか。つまり、硝酸銅（$Cu(NO_3)_2$）水溶液に銀を入れるのです。

　このときには、変化は起こりません。それは、**銀は銅よりイオン化傾向が小さいから**です。もともとイオン化傾向が大きいものがイオンになっている状態なので、そこから変化がないのです。

　このように、イオン化列を理解すると、化学反応が起こる場合と起こらない場

合とを見極められることになります。

　さらに、イオン化傾向が大きい金属ほど、他の物質と反応しやすいことも重要です。このことを整理すると次のようになります。

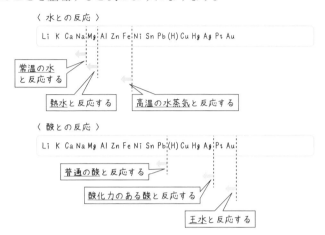

　たとえば、Li、K、Ca、Naなどイオン化傾向が非常に大きい金属は、実験室では灯油の中で保存します。他の物質との反応性が高く、さらに空気中でも簡単に酸化されてしまいますが、灯油であればそれらの反応を防げるからです。

Business 「トタン」と「ブリキ」のメッキ方法

　金属のイオン化列は、メッキ方法にも関わります。メッキの代表例であるトタンとブリキは、次のようになっています。

=鉄板（Fe）の表面を亜鉛（Zn）でメッキしたもの

傷つきやすい、屋根やバケツに利用される（傷ついてもZnがFeを守る）

=鉄板（Fe）の表面をスズ（Sn）でメッキしたもの

傷つかなければ、反応性の低いSnが保護してくれるが、傷つくとイオン化傾向の大きいFeが先に錆びてしまうので、傷つきにくい缶詰の内部などで利用する

30 電池

現代生活は、電池なしでは成り立たないかもしれません。電池には、酸化還元反応が利用されています。

Point

金属のイオン化列が応用されている

「酸化還元反応を利用して電流を外部に取り出す装置」が電池である。仕組みは、右のように理解できる（電流の向きと電子が流れる向きは逆なので注意する）。

以下に説明する代表的な電池について、正極（酸化剤）と負極（還元剤）でそれぞれどのような反応が起こるか理解しておく必要がある。

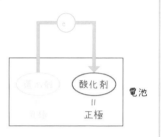

📖 初期に開発された電池から、電池の仕組みを学ぶ

電池には、次のようなものがあります。

- **ボルタ電池**

正極の反応：$2H^+ + 2e^- \rightarrow H_2$（$H^+$ は H_2SO_4 が電離して生ずる）

負極の反応：$Zn \rightarrow Zn^{2+} + 2e^-$（イオン化傾向は $Zn > Cu$ なので、Cu はイオン化せず Zn がイオン化する）

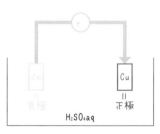

正極で発生した H_2 は、Cu よりイオン化傾向が大きいので e^- を放出して元へ戻ろうとする。

$$H_2 \rightarrow 2H^+ + 2e^-$$

この現象を**分極**という。分極が起こるために、ボルタ電池の電圧はすぐに下がってしまう。これは、H^+ の代わりに e^- を受け取る酸化剤（減極剤という）を加えれば防ぐことができる。

• **鉛蓄電池**（自動車のバッテリーに利用）

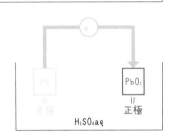

正極の反応：

$$PbO_2 + 2e^- + 4H^+ \rightarrow Pb^{2+} + 2H_2O$$

負極の反応：$Pb \rightarrow Pb^{2+} + 2e^-$ （Pbのイオン化傾向はそれほど大きくないが、強力な酸化剤である PbO_2 に e^- を奪われる）

正極の（半）反応式と負極の（半）反応式を組み合わせると、

$$PbO_2 + Pb + 4H^+ \rightarrow \quad 2PbSO_4 + 2H_2O$$

となり、H^+ は硫酸 H_2SO_4 が電離してできたものであることから、

$$PbO_2 + Pb + 2H_2SO_4 \rightarrow \quad 2Pb^{2+} + 2H_2O \quad \cdots※$$

となる。これが鉛蓄電池を放電したときの化学反応式であり、電流を流すと正極、負極でともに硫酸鉛（$PbSO_4$）が生成することがわかる。

$PbSO_4$ は水に溶けないので、極板に付着したまま残る。よって、鉛蓄電池に ※（放電）と逆向きに電流を流すと、※の逆反応（充電）が起こって元へ戻る。

$$PbO_2 + Pb + 2H_2SO_4 \underset{充電}{\overset{放電}{\rightleftharpoons}} 2PbSO_4 + 2H_2O$$

Business 燃料電池が電気を生み出す仕組み

次世代の自動車として期待されるのが、燃料電池車です。燃料電池は、次のように水素と酸素を使って電気を生み出します。このときに排出されるのは水だけなので、クリーンなエネルギー源といえます。

正極の反応：$O_2 + 4e^- \rightarrow 2O^{2-}$

負極の反応：$H_2 \rightarrow 2H^+ + 2e^-$

2式を組み合わせると　$O_2 + 2H_2 \rightarrow 2H_2O$

31 電気分解

物質に電気を流して分解することで、日常生活に欠かせないものを作っている例があります。ここでは、電気分解の仕組みを説明します。

Point

無理やり電気を流して分解するのが電気分解

「酸化還元反応を利用して電流を外部に取り出す装置」が電池なのに対し、「電流を流して酸化還元反応を（無理やり）起こさせる」のが**電気分解**である。

「正極」と「陽極」、「負極」と「陰極」は混同しやすいので注意する。

電池の $\begin{cases} ＋ 側 ＝ 正極 \\ － 側 ＝ 負極 \end{cases}$

電気分解の極板の $\begin{cases} 正極につながれた側 ＝ 陽極 \\ 負極につながれた側 ＝ 陰極 \end{cases}$

陰極で起こる反応

負極につながれた側が陰極なので、陰極には電子 e^- が流れ込みます。陰極では、**流れ込んできた電子を水溶液中の陽イオンが受け取る反応**が起こります。

複数の陽イオンがある場合、どの陽イオンが電子を受け取るかはイオン化傾向によって決まります。

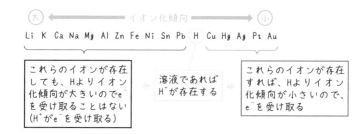

📖 陽極で起こる反応

　正極につながれた側が陽極なので、陽極からは電子e^-を送り出す必要があります。

　陽極では、極板または溶液中の陰イオンが電子を放出する反応が起こります。何が電子を放出するかは、次のように判断できます。

①まずは極板がe^-を放出するかどうか確認する

　陰極では極板が反応することはありませんが、陽極では極板が反応することもあるので注意が必要です。極板に使われている金属のイオン化傾向がAg以上の場合、極板自体がe^-を放出します。

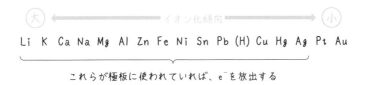

　イオン化傾向がAgより小さい金属（PtとAu）や炭素が極板に使われている場合は、これらは反応しないので、溶液中の陰イオンが反応することになります。

②溶液中の陰イオンの最も反応しやすいものがe^-を放出する

　極板が反応しないときは、溶液中の陰イオンが反応することになります。陰イオンの反応しやすさ（e^-の出しやすさ）は次の通りです。

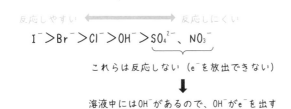

32

教養 ★★　　実用 ★★★　　受験 ★★★

反応速度

化学反応は、一気に起こるとは限りません。ゆっくりと進行する場合も
あります。それは、どのような要因で決まるのでしょうか。

☝ Point

反応速度の表し方

化学反応が起こる速さのことを**反応速度**という。

反応速度vは、$v = \dfrac{\Delta[A]}{\Delta t}$（$\Delta[A]$：物質Aのモル濃度の変化量　Δt：変化するのにかかる時間）のように、「単位時間当たりのモル濃度の変化量」として表す。

例：$H_2 + I_2 \rightarrow 2HI$　という反応の場合

HIの単位時間のモル濃度変化は、H_2やI_2の単位時間のモル濃度変化の2倍になるので、

$$2\frac{\Delta[H_2]}{\Delta t} = 2\frac{\Delta[I_2]}{\Delta t} = \frac{\Delta[HI]}{\Delta t}$$

という関係が成り立つ。つまり、モル濃度の変化量は物質によって異なる。

そこで、普通は「係数1当たりのモル濃度変化」を、その反応の反応速度vと決める。この反応の場合は、

$$反応速度 v = \frac{\Delta[H_2]}{\Delta t} = \frac{\Delta[I_2]}{\Delta t} = \frac{1}{2} \times \frac{\Delta[HI]}{\Delta t} となる。$$

📖 反応速度は3つの要因によって変化する

反応速度vは反応の種類によって異なりますが、同じ反応であっても条件によって変わります。

このことを理解するためには、まずは**化学反応が起こるプロセス**について知る必要があります。

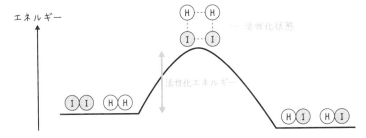

例：$H_2 + I_2 \rightarrow 2HI$　という反応は、次のように起こる

※活性化状態 ＝ 反応の途中の最もエネルギーの高い状態

（バラバラの原子状態よりはエネルギーが低い）

※活性化エネルギー ＝ 活性化状態になるのに必要なエネルギー

H_2分子とI_2分子が衝突して、活性化エネルギーを超えると反応するが、活性化エネルギーを超えなければ反応しない。

　このような化学反応のプロセスを理解すれば、反応速度vを大きくする方法が次の3つであることが理解できます。

①濃度を高くする

　化学反応は、反応物（反応する分子）どうしの衝突によって起こります。濃度を高くすれば分子どうしの衝突回数が増えるので、反応速度vが大きくなります。

②温度を高くする

　温度を高くすると分子が速く動くようになるので、分子どうしの衝突回数が増え、反応速度vが大きくなります。また、衝突が起こっても活性化エネルギーを超えなければ反応は起こりません。温度が高くなればエネルギーの高い分子の割合が多くなり、活性化エネルギーを超える確率が増して反応速度vが大きくなります。

③触媒を加える

　触媒を加えると、活性化エネルギーが低い経路を通って反応するようになります。そのため、反応する分子の数が増え、反応速度vが大きくなります。

33 化学平衡

化学反応が進行した後は、一切変化がなくなるのでしょうか。実は、そう見えるだけで実際には反応が続いているのです。

Point

見かけ上反応がストップしたのが平衡状態

化学反応には、不可逆反応と可逆反応がある。

不可逆反応

例1：メタンの完全燃焼$CH_4 + 2O_2 \rightarrow CO_2 + 2H_2O$

　　右向きの反応（正反応）$CH_4 + 2O_2 \rightarrow CO_2 + 2H_2O$　は起こるが、

　　左向きの反応（逆反応）$CO_2 + 2H_2O \rightarrow CH_4 + 2O_2$　は起こらない。

このような一方通行の反応を**不可逆反応**という。

可逆反応

例2：気体状態の水素とヨウ素を混合したときの反応$H_2 + I_2 \rightleftarrows 2HI$

　　右向きの反応（正反応）$H_2 + I_2 \rightarrow 2HI$　も

　　左向きの反応（逆反応）$2HI \rightarrow H_2 + I_2$　も両方起こる。

このような反応を**可逆反応**という。

例2の場合、最初はH_2とI_2しかないので正反応が進む。正反応の反応速度をv_1とすると、「$v_1 = k_1 [H_2][I_2]$」であり、正反応が進むにつれてH_2もI_2も減少するので、v_1は小さくなっていく。

また、正反応が進むにつれてHIが増加するので、逆反応の反応速度「$v_2 = k_2 [HI]^2$」は大きくなっていく。すると、やがて「$v_1 = v_2$」となる。

$v_1 = v_2$となると、実際には正反応も逆反応も続いているが、その反応速度が等しいために見かけ上反応がストップしたように見える。この状態を**平衡状態**という。

平衡は変化を和らげる方向へ移動する

ある反応が平衡状態になっているときには、「**正反応の反応速度v_1＝逆反応の反応速度v_2**」となっていますが、この関係が何らかの条件変化によって崩れて、「$v_1 > v_2$　or　$v_1 < v_2$」となったとします。

すると、再び「$v_1 = v_2$」の状態になるまで正反応もしくは逆反応が進み、新たな平衡状態が誕生します。これを**平衡の移動**といいます。

このとき、それぞれの条件変化に対して、平衡がどちら向きに移動するかを判断できるようになる必要があります。平衡が移動する方向は、**変化を和らげる向きに移動する**という原則ですべて理解できます。

● 濃度を変化させたとき

平衡状態にある反応の中の特定の物質の濃度を大きくすると、その物質の濃度を小さくする方向へ平衡が移動します。逆に、特定の物質の濃度を小さくすると、その物質の濃度を大きくする方向へ移動します。

● 圧力を変化させたとき

平衡状態にある反応の物質全体の圧力を大きくすると、分子の数が減る方向へ平衡が移動します。これは、分子の数が減れば全体の圧力が小さくなるからです。逆に、全体の圧力を小さくすると、分子の数が増える方向へ移動します。

● 温度を変化させたとき

温度を上げると、温度を下げるために吸熱反応が進む方向へ平衡が移動します。逆に温度を下げると、温度を上げるために発熱反応が進む方向へ移動します。

なお、触媒を加えると正反応の反応速度v_1も逆反応の反応速度v_2も大きくなりますが、大きくなる倍率が同じなので、平衡状態に達するまでの時間は短くなっても平衡は移動しません。

34 電離平衡

化学平衡は水溶液の中にも誕生します。その場合は、電離定数と電離度という2つの値を使って考えます。

Point

電離の度合いは2つの値によって表現される

たとえば、酢酸（CH_3COOH）は水中で一部が電離し、平衡状態になる。

$$CH_3COOH \ \rightleftarrows \ CH_3COO^- + H^+$$

このように、電離によって生じる平衡を**電離平衡**という。

電離定数

電離平衡の平衡定数は**電離定数**といい、

$$電離定数 K_a = \frac{[CH_3COO^-][H^+]}{[CH_3COOH]}$$

（酸（acid）の場合は K_a、塩基（base）の場合は K_b と表す）

と表せ、温度が一定であれば一定となる。

電離度

電離定数によって酸や塩基がどの程度電離しているかがわかるが、直感的に電離の度合いを知るには、酸や塩基が電離している割合を表す**電離度**のほうが便利である。

たとえば、弱酸である CH_3COOH の電離度は約0.01であり、これは酢酸全体のうち1%くらいしか電離しないことを表している。

このように、弱酸の電離の度合いは電離定数と電離度の2つを用いて表される。

電離定数と電離度の関係を理解する

電離定数と電離度の関係は、次ページのように理解できます。

例：酢酸（CH_3COOH）の電離度を α とすると、

$$CH_3COOH \ \rightleftarrows \ CH_3COO^- \ + \ H^+$$

	CH_3COOH	CH_3COO^-	H^+	
電離前	C	0	0	
反応量	$-C\alpha$	$+C\alpha$	$+C\alpha$	
平衡時	$C(1-\alpha)$	$C\alpha$	$C\alpha$	単位：mol/L

電離定数 $K_a = \dfrac{[CH_3COO^-][H^+]}{[CH_3COOH]} = \dfrac{C\alpha \times C\alpha}{C(1-\alpha)} = \dfrac{C\alpha^2}{1-\alpha} \fallingdotseq C\alpha^2$

弱酸の場合 $\alpha \ll 1$ なので、$1-\alpha \fallingdotseq 1$

電離定数 K_a と電離度 α には $\alpha = \sqrt{\dfrac{K_a}{C}}$ という関係があることがわかり、この関係から、

$$[H^+] = C\alpha = C \times \sqrt{\dfrac{K_a}{C}} = \sqrt{CK_a}$$

と、電離度 α がわからなくても水素イオン濃度を求められることがわかる。

上の関係式 $\alpha = \sqrt{\dfrac{K_a}{C}}$ が、同じ温度でも（温度によって K_a の値は決まる）、弱酸の濃度 C が大きいほど電離度 α は小さく、濃度 C が小さいほど電離度 α は大きくなることを示しています。

Business 緩衝溶液の仕組み

少量の酸または塩基を加えても pH がほとんど変化しない溶液を緩衝溶液といいます。

緩衝溶液は、平衡の移動を利用したものです。血液の pH は、約7.40に保たれている必要があります。この役割を果たすのが血液に含まれる二酸化炭素と炭酸水素塩です。緩衝溶液として働いているのです。

医療用の点滴薬にも、点滴により血液の pH が大きく変化しないよう、pH調整剤が添加されています。これも緩衝溶液の利用例です。

油性インキを落とすのに最適な方法は?

　机に、油性インキで落書きされてしまったとします。これを落とすのには水を使ってもダメで、シンナーなど油の仲間である液体を使う必要があります。油の仲間とは、極性がない物質のことです。油性インキにも、無極性の物質が使われているのです。

　逆に、水は極性分子から成り立っています。そして、水性インキも極性のある物質です。そのため、互いに溶けやすいということなのです。

　このように、物質は水の仲間（極性あり）と油の仲間（無極性）に大きく分けられます。このことを頭に置いておくと、何と何が溶け合うのかが簡単に理解でき、薬品の取り扱い・洗浄などを行えるようになります。薬剤を効果的に使えるようになるわけです。

道路の凍結防止

　冬に、道路に白い粒が撒かれることがあります。あれは、塩化カルシウムという物質です。水に溶質が溶けると、凝固点が下がるのです。これは、道路の凍結防止に役立ちます。

　塩化カルシウム（$CaCl_2$）は、比較的安価に作ることができます。さらに、「$CaCl_2 \rightarrow Ca^{2+} + 2Cl^-$」というように、多くのイオンに電離します。そのため、凝固点を下げる働きが大きいのです。

　塩化カルシウムは水に溶けるときに熱を発します。このことも、凍結防止に役立ちます。凍結防止に適した物質が選ばれていることがわかります。

　昔から目にすることの多かった白い粒の謎がこのように解明されるのは面白いですね。

化学編
無機化学

世の中に存在する物質は、「**無機化合物**」と「**有機化合物**」に分類されます。機が有るとか無いという表現をするわけですが、「機」とは何でしょうか。

機は、私たちの心のことを表す言葉です。たとえば機械の機ですが、機械はスイッチを入れないと動き出しません。つまり、外からの働きかけがないと動き出さないのです。

人の心にも、同じような特徴があります。私たちがどのようなことを思い、そして考えるか振り返ってみると、周囲からの影響を強く受けていることがわかります。そこで、人の心のことを機と表現するのです。

このことがわかると、有機化合物とは心がある生き物の身体を構成している物質のことだとわかります。たとえば、タンパク質や脂質といったものを思い浮かべるとわかりやすいと思いますが、これらは有機化合物です。もちろん、動物だけでなく植物の身体も構成しています。

逆に、**生き物と無関係な物質**を無機化合物といいます。これは、酸素や水素などの気体や鉄や銅などの金属、あるいは石のようなものなどさまざまです。

もともとの分類はこのようなものなのですが、現在では「炭素を含む」のが有機化合物、「炭素を含まない」のが無機化合物と分類されています（二酸化炭素などは例外的に無機化合物）。これについてはChapter 07で詳しく説明しますが、それだけ生き物の身体の中にはたくさんの炭素が含まれていることでもあります。

本章では炭素を含まない無機化合物について学びます。無機化学については、「とてもたくさんのものが登場して暗記が大変だった」という記憶がある方が多いと思います。実際、たくさんの物質が登場します。そういったものを理解するポイントとしては、

- 物質ごとに分けるのではなく、「気体」「金属」などグループで分けて整理する
- 反応の背景にある化学理論を理解する

ことです。

本章では、このようなことを重視して無機化合物の重要事項を復習します。

教養として学ぶには

無機化学の分野では、気体や金属など身近なところで活用しているものがたくさん出てきます。そういったものの性質を、化学的な眼で見直すことで、たくさんの気づきを得られるはずです。

仕事で使う人にとっては

金属をいかに活用するかで、たとえばモーターのエネルギー効率が変わります。金属を組み合わせて合金を作ることもできます。金属の性質を理解することが、モノ作りには欠かせないのです。

受験生にとっては

多数の物質が登場して混乱しやすい分野ですが、必須知識を整理して理解しておけば、必ず解けるようになる分野です。ある意味では、理論化学は苦手という人でも、こちらの分野はまじめにコツコツと学べば必ず得点できるようになるといえます。自分にそのような適性があると感じる人は、ぜひこの分野を大切にしてください。

非金属元素（1）

非金属元素の性質について、何回かにわたって解説します。まずは、気体の製法を整理します。

気体を分類して理解する

気体の製法をすべて覚えるのは大変なため、下表のように発生させたい気体を種類ごとに整理して考えると、その製法についても理解しやすくなる。

気体の種類	入試で登場するもの
①弱酸	H_2S、CO_2、SO_2
②弱塩基	NH_3
③揮発性の酸	HCl
④その他	H_2、Cl_2、NO、NO_2、O_2、O_3

たとえば、①の3つの気体はすべて同じ原理によって発生させることができるので、まとめて理解するのが効率的である。

さらに、①～③は発生原理が似ているので、①を理解できると②・③もすぐに理解できる。

分類に従って、気体の製法を理解する

弱酸に分類される気体を発生させるには、**その弱酸の塩と強酸を反応させます**。その仕組みを、硫化水素（H_2S）を例に説明します。

硫化鉄（Ⅱ）（FeS）に希硫酸（H_2SO_4）を加えると、H_2Sを発生させることができます。FeSは、

$$\underset{\text{弱酸}}{\boxed{H_2S}} \ + \ \underset{\text{塩基}}{\boxed{Fe(OH)_2}} \ \rightarrow \ FeS \ + \ 2H_2O$$

という中和反応によってできる塩であり、FeSの水溶液中では、

$$\boxed{H_2S} \quad \rightleftarrows \quad S^{2-} \quad + \quad 2H^+$$

$$Fe(OH)_2 \quad \rightleftarrows \quad Fe^{2+} \quad + \quad 2OH^-$$

という平衡ができています。

　ここへ、強酸であるH_2SO_4を加えると、

$$\underset{\text{強酸}}{\boxed{H_2SO_4}} \quad \rightleftharpoons \quad 2H^+ \quad + \quad SO_4^{2-}$$

という平衡が追加され（H_2SO_4は強酸なので、平衡は大きく右へ傾く）、その結果、

$$\boxed{H_2S} \quad \rightleftarrows \quad S^{2-} \quad + \quad 2H^+$$

$$Fe(OH)_2 \quad \rightleftarrows \quad Fe^{2+} \quad + \quad 2OH^-$$

$$\boxed{H_2SO_4} \quad \rightleftharpoons \quad 2H^+ \quad + \quad SO_4^{2-}$$

となり、硫化水素（H_2S）が発生します。

　以上のことを整理すると、

$$\underset{\text{弱酸の塩}}{\boxed{FeS}} \quad + \quad \underset{\text{強酸}}{\boxed{H_2SO_4}} \quad \rightarrow \quad FeSO_4 \quad + \quad \underset{\text{弱酸}}{\boxed{H_2S}}$$

となり、弱酸の塩と強酸を反応させることで弱酸を発生させられることがわかります。同じく弱酸に分類されるCO_2とSO_2も、同じようにして発生させることができます。

　共通性を理解することで、丸暗記から脱して理解できます。

二酸化炭素（CO₂）の製法

$$\underbrace{CaCO_3}_{\text{弱酸の塩}} + \underbrace{2HCl}_{\text{強酸}} \rightarrow CaCl_2 + H_2O + \underbrace{CO_2}_{\text{弱酸}}$$

$CaCO_3$は、

$$CO_2 + Ca(OH)_2 \rightarrow CaCO_3 + H_2O$$

という中和反応によって生ずる塩である

二酸化硫黄（SO₂）の製法

$$\underbrace{Na_2SO_3}_{\text{弱酸の塩}} + \underbrace{H_2SO_4}_{\text{強酸}} \rightarrow Na_2SO_4 + H_2O + \underbrace{SO_2}_{\text{弱酸}}$$

Na_2SO_3は、

$$SO_2 + 2NaOH \rightarrow Na_2SO_3 + H_2O$$

という中和反応によって生ずる塩である

なお、SO_2は、次のように銅（Cu）と熱濃硫酸（H_2SO_4）を反応させて発生させることもできます。

$$Cu + 2H_2SO_4 \rightarrow CuSO_4 + 2H_2O + SO_2$$

弱塩基に分類される気体の発生の仕方

弱塩基に分類される気体（アンモニア（NH_3）のみ）を発生させるには、**その**

弱塩基の塩と強塩基を反応させればよいことになります。

仕組みは、弱酸の場合の酸と塩基を逆にしただけなので、同じように理解できます。

塩化アンモニウム（NH_4Cl）と$Ca(OH)_2$を混合して加熱すると、アンモニア（NH_3）が発生します。NH_4Clは、

$$\boxed{NH_3}_{\text{弱塩基}} + \boxed{HCl}_{\text{酸}} \rightarrow NH_4Cl$$

という中和反応によってできる塩であり、NH_4Clの水溶液中では、

$$\boxed{NH_3} + H_2O \rightleftarrows NH_4^+ + OH^-$$

$$HCl \rightleftarrows H^+ + Cl^-$$

という平衡ができています。ここへ、強塩基である$Ca(OH)_2$を加えると、

$$\boxed{Ca(OH)_2}_{\text{強塩基}} \rightleftharpoons Ca^{2+} + 2OH^-$$

という平衡が追加され（$Ca(OH)_2$は強塩基なので、平衡は大きく右へ傾く）、その結果、

③発生する

$$\boxed{NH_3} + H_2O \rightleftarrows NH_4^+ + OH^-$$

$$HCl \rightleftarrows H^+ + Cl^-$$

$$\boxed{Ca(OH)_2} \rightleftharpoons Ca^{2+} + 2OH^-$$

となり、NH_3が発生します。

以上のことを整理すると、

$$\boxed{2NH_4Cl}_{\text{弱塩基の塩}} + \boxed{Ca(OH)_2}_{\text{強塩基}} \rightarrow CaCl_2 + 2H_2O + \boxed{2NH_3S}_{\text{弱塩基}}$$

となり、弱塩基の塩と強塩基を反応させることで弱塩基を発生させられることがわかります。

📖 揮発性の酸に分類される気体の発生の仕方

揮発性の酸に分類される気体（塩化水素（HCl）のみ）を発生させるには、**その酸の塩と不揮発性の酸を反応させればよい**ことになります。

仕組みは、弱酸や弱塩基の場合と同じように理解できます。

📖 揮発性の酸を発生させる

塩化ナトリウム（NaCl）に濃硫酸（H_2SO_4）を加えて加熱すると、塩化水素（HCl）が発生します。NaClは、

$$\boxed{\text{HCl}}_{\text{揮発性の酸}} + \boxed{\text{NaOH}}_{\text{塩基}} \rightarrow \text{NaCl} + H_2O$$

という中和反応によってできる塩であり、NaClの水溶液中では、

$$\boxed{\text{HCl}} \rightleftarrows H^+ + Cl^-$$

$$\text{NaOH} \rightleftarrows Na^+ + OH^-$$

という平衡ができています。

ここへ、不揮発性の酸であるH_2SO_4を加えると、

$$\boxed{H_2SO_4}_{\text{不発性の酸}} \rightleftharpoons 2H^+ + SO_4^{2-}$$

という平衡が追加され（H_2SO_4は強酸かつ不揮発性なので、平衡は大きく右へ傾く）、その結果、

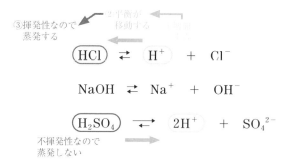

③揮発性なので
　蒸発する

②平衡が
　移動する

$$\boxed{\text{HCl}} \rightleftarrows \boxed{H^+} + Cl^-$$

$$\text{NaOH} \rightleftarrows Na^+ + OH^-$$

$$\boxed{H_2SO_4} \rightleftharpoons 2H^+ + SO_4^{2-}$$

不揮発性なので
蒸発しない

となり、HClが発生します。

以上のことを整理すると、

(NaCl)	+	(H₂SO₄)	→	NaHSO₄ +	(HCl)
揮発性の酸の塩		不揮発性の酸			揮発性の酸

となり、**揮発性の酸の塩と不揮発性の酸を反応させることで、揮発性の酸を発生させられる**ことがわかります。

弱酸、弱塩基、揮発性の酸に分類される気体については、類似した仕組みで発生させられることがわかりました。

それに対し、その他に分類される気体の製法はまとめて理解するのは難しいので、次のように個別に理解する必要があります。

水素（H_2）の製法

Hよりイオン化傾向が大きい金属を酸に加えて発生させる

(Zn) + (H₂SO₄) → ZnSO₄ + (H₂)

塩素（Cl_2）の製法（2通りある）

酸化マンガン（Ⅳ）（MnO_2）に濃塩酸を加えて加熱する

(MnO₂) + (4HCl) → MnCl₂ + 2H₂O + (Cl₂)

さらし粉（$CaCl(ClO)$）・H_2Oに塩酸を加える

(CaCl(ClO)·H₂O) + (2HCl) → CaCl₂ + 2H₂O + (Cl₂)

[Business] 地球上の大気の構成

気体を発生させる方法の発見は、地球上の大気の構成の理解につながりました。

現在も、紫外線を吸収するオゾンなど、地上には重要な気体がたくさんあります。それらの性質を理解するために、気体を発生させる実験は欠かせません。

02 非金属元素（2）

非金属元素の性質について、続いては気体の性質を整理して解説します。

> **Point**
>
> ## 気体の重さは分子量で決まる
>
> それぞれの気体の性質も関連付けて整理すると理解しやすくなる。
>
> まずは、空気と比べて重いか軽いかが、次のように決まることを理解したい。
>
> 分子量が大きい気体ほど、重い気体である。したがって、
>
> - 気体の分子量 < 28.8（= 空気の平均分子量）：空気より軽い
> - 気体の分子量 > 28.8（= 空気の平均分子量）：空気より重い
>
> のように、分子量によって空気より軽いか重いか判断できる（空気より軽い気体は水素（分子量2）、メタン（分子量16）、アンモニア（分子量17）などわずかで、ほとんどの気体は空気より重い）。
>
> このことは、圧力と温度が等しければ、一定体積中に含まれる気体分子の数は気体の種類によらない、というアボガドロの法則から理解できる。

気体の性質は水への溶けやすさで理解する

まずは、気体の中でも、CO_2、SO_2、NO_2、Cl_2、HCl、H_2S、NH_3の7つが**水に溶けやすいこと**を理解すると便利です。これにより、以下の、捕集法、水溶液の液性、臭いについて理解しやすくなるからです。

• 捕集法で発生させた気体を集める

発生させた気体を集める方法には、**水上置換**、**上方置換**、**下方置換**の3つがあります。3つの中で最も気体を集めやすいのは、水上置換です（空気が混入しないから）。水に溶けにくければ水上置換できるので、「CO_2、SO_2、NO_2、Cl_2、

HCl、H$_2$S、NH$_3$以外の気体→水上置換」となります。

　水に溶けやすい7つの中で空気より軽いのはアンモニア（NH$_3$）（分子量17）だけなので、

　NH$_3$ ⇒ 上方置換、CO$_2$、SO$_2$、NO$_2$、Cl$_2$、HCl、H$_2$S ⇒ 下方置換

となります。

• 水溶液の液性

　水に溶けやすい気体が水に溶けると、水溶液が酸性または塩基性になります。逆にいえば、酸性もしくは塩基性の判断が求められるのは水に溶けやすい7つの気体だけということです。

　7つの中で水溶液が塩基性となるのはアンモニア（NH$_3$）だけなので、

　NH$_3$ ⇒ 塩基性、CO$_2$、SO$_2$、NO$_2$、Cl$_2$、HCl、H$_2$S ⇒ 酸性

となります。

• 臭いがするのは水に溶けやすい気体

　基本的に、臭いがするのは水に溶けやすい気体です。湿っている鼻の粘膜に気体が溶け込んで粘膜を刺激することで、人は臭いを感じるからです。ただし、二酸化炭素は水に溶けやすいが臭いがなく、逆に水に溶けにくいオゾン（O$_3$）は例外的に臭いがあります。次のように整理できます。

　SO$_2$、NO$_2$、Cl$_2$、HCl、NH$_3$、O$_3$ ⇒ 刺激臭、H$_2$S ⇒ 腐卵臭

• 色がある気体

　次の3つの気体には、特有の色があります。

　　　　　Cl$_2$：黄緑色　　　O$_3$：微青色　　　NO$_2$：赤褐色

• 強い毒性を持つ気体

　刺激臭のする気体は有毒ですが、特に次の2つは強い毒性を持ちます。

　　　　　H$_2$S、CO　⇒ 特に強い毒性

　また、次の2つは漂白作用を持ちます。

　　　　　Cl$_2$、SO$_2$ ⇒ 漂白作用

教養 ★★★★　　　実用 ★★★★　　　受験 ★★★

03 非金属元素（3）

非金属元素の性質について、気体の乾燥剤についても知っておくと便利です。

> **Point**
>
> ## 気体によって、乾燥剤の使い分けが必要である
>
> 気体に含まれる水分を除くため（実験によって気体を発生させると、どうしても水分が混ざってしまう）、**乾燥剤**が使われることがある。
>
> 乾燥剤にはいくつか種類があり、性質も違うため、次のように使い分けが必要。ポイントは、気体自体とは反応しない乾燥剤を選ぶこと。

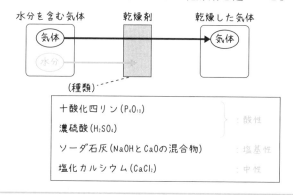

酸性・中性・塩基性の理解が乾燥剤の使い分けには重要

十酸化四リン（P_4O_{10}）という乾燥剤は、酸性です。そのため、**塩基性の気体と反応してしまいます**。したがって、これを塩基性の気体の乾燥に使うことはできません。濃硫酸（H_2SO_4）という乾燥剤も、同じく酸性です。やはり、塩基性の気体の乾燥には使うことができません。

さらに、濃硫酸は**酸化力が強いこと**にも注意が必要です。還元力の強い硫化水素（H_2S）とは酸化還元反応を起こしてしまうので、これには使えません。

ソーダ石灰は塩基性の乾燥剤です。つまり、酸性の気体の乾燥には使えません。

塩化カルシウム（$CaCl_2$）は、中性の乾燥剤です。これは、酸性・塩基性両方の気体の乾燥に使えることになります。ただし、アンモニア（NH_3）と反応すると結合してしまうので、その乾燥には使えません。

📖 気体を発生させて性質を調べる実験

　気体を発生させて性質を調べる実験では、次のような装置を用いて気体を乾燥させます。ここでは、塩素を発生させる場合を例に説明します。

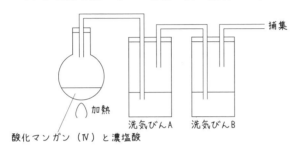

　塩素ガスを発生させた場合、上のように2段階で乾燥させます。次のような順序です。

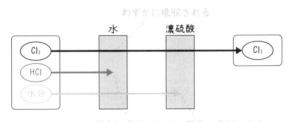

　ここで、水と濃硫酸を入れる順序を逆にすると、次のようになって乾燥したCl_2を捕集できなくなることに注意が必要です。

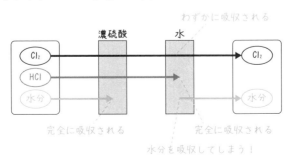

04 金属元素（1）

金属元素について、まずは金属イオンの検出方法を整理します。見た目ではわからないイオンの存在を知ることができる方法です。

Point

🖐 金属イオンと陰イオンの組み合わせによって沈殿が生じる

　金属イオンを検出する（溶液中に含まれる金属イオンの種類を調べる）方法のひとつに、**沈殿生成の有無を調べる**方法がある。

　特定の金属イオン（陽イオン）と陰イオンを組み合わせると沈殿が生じるので、溶液中に陰イオンを加えて沈殿が生じるかどうかを調べれば、溶液中に存在する金属イオンの種類を知ることができる。

　この方法を利用するには、沈殿を生じる金属イオンと陰イオンの組み合わせを知っている必要がある。さらに、生じる沈殿の色についても確認が必要である。

📖 アルカリ金属のイオンは沈殿しない

沈殿を生成するイオンの組み合わせは、次のように整理できます。

- 水酸化物イオン（OH^-）で沈殿：アルカリ金属・アルカリ土類金属以外の金属のイオン（NaOH水溶液やNH$_3$水溶液を加えると沈殿する）

　　　　　⬇ いったんは沈殿するが

　　過剰にNaOH水溶液を加えると溶けるもの：両性元素のイオン
　　過剰にNH$_3$水溶液を加えると溶けるもの　：Zn^{2+}、Cu^{2+}、Ag^+

- 塩化物イオン（Cl^-）で沈殿：Ag^+、Pb^{2+}（塩酸（HCl水溶液）を加えると沈殿する）

- 炭酸イオン（CO_3^{2-}）および硫酸イオン（SO_4^{2-}）で沈殿：Ca^{2+}、Ba^{2+}、Pb^{2+}

（炭酸水や硫酸を加えると沈殿する）

- クロム酸イオン（CrO_4^{2-}）で沈殿：Ba^{2+}、Pb^{2+}、Ag^+（クロム酸カリウム（K_2CrO_4）水溶液を加えると沈殿する）
- 硫化物イオン（S^{2-}）で沈殿（硫化水素（H_2S）を吹き込むと沈殿する）

この場合は、金属のイオン化傾向および溶液の液性によって、次のように沈殿の有無が決まる。

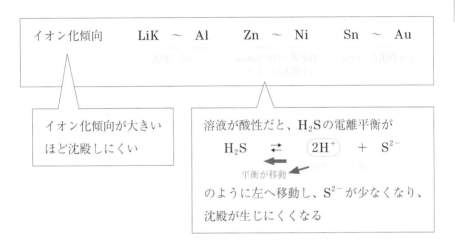

以上が、沈殿を作るイオンの組み合わせです。なお、アルカリ金属のイオンは沈殿を作らないので、どこにも登場しません。

Business　海水や河川水の水質調査

海水や河川水などには、いろいろなイオンが含まれています。それらの含有を調べることが、水質を知ることにつながります。そのためのひとつの方法が、**沈殿生成**です。

イオンは、清涼飲料などの飲み物、調味料など料理に関係するものにも含まれていて、それを調べることも品質検査につながります。

身近なところにある水溶液の調査をする上で、沈殿生成反応はとても役立つのです。

金属元素（2）

金属は、合金にすることで威力を発揮することもあります。代表的な合金について、その特徴を押さえておきましょう。

合金は化合物ではなく混合物

2種類以上の金属を混合したものを**合金**という。これは、混ぜているだけなので化合物ではなく混合物である。

代表的な合金には、次のようなものがある（ここでは、各合金の主成分を表しており、これ以外の金属が含まれることもある）。

ステンレス鋼	$Fe + Cr + Ni$
ジュラルミン	$Al + Cu + Mg$
ハンダ	$Sn(+Pb)$
青銅（ブロンズ）	$Cu + Sn$
黄銅（真鍮）	$Cu + Zn$
白銅	$Cu + Ni$
ニクロム	$Ni + Cr$

合金の用途

銅とスズの合金である青銅には、**錆びにくくて硬い**特徴があります。そのため、美術品、お寺の鐘、10円玉などに利用されています。古来より、人類には合金を利用する知恵があったのです。

黄銅は、銅と亜鉛の合金です。伸ばしたり曲げたりといった加工がしやすいこともあり、楽器（ブラス）として利用されています。仏具や5円玉としても活用されています。

鉄にクロムやニッケルを添加したのがステンレス鋼です。これらを添加するこ

とで錆びにくくなります。これは、クロムが酸化皮膜を作るためだと考えられます。

アルミニウムに銅やマグネシウムを加えると、軽くて丈夫なジュラルミンとなります。**加工しやすいこと**も特徴のひとつです。代表的な用途は、航空機の機体です。

ハンダ付けで使うハンダには、従来はスズと鉛の合金が使われてきました。しかし、鉛が人体に有害であることが指摘され、最近は鉛フリーのものが主流となっています。これは、スズを主な成分として、銅、銀、ニッケルなどを添加したものです。

電気抵抗の大きいニクロム線は、電流を流したときの発熱量が大きいためドライヤーなどの電熱線として利用されています。ニッケルとクロムの合金だから、ニクロムなのです。

〔Business〕形状記憶合金に使われる金属

成形したときの形を記憶している**形状記憶合金**も、合金の一種です。変形しても、加熱または冷却することで元の形に戻ります。いろいろな元素が使われますが、たとえばニッケルとチタンの合金（ニチノール）などが形状記憶合金に利用されます。形状記憶合金は、炊飯ジャーの調圧口、下着のワイヤー、メガネのフレーム、人工衛星のアンテナ装置などに利用されています。

水素吸蔵合金という合金も活躍しています。低温で水素を吸収し、温度が上がると水素を放出します。ニッケル水素電池に水素吸蔵合金を利用しています。ニッケル水素電池は、デジタルカメラや電動アシスト自転車などに利用されます。

脱炭素社会に向けて、水素の活用が注目を浴びています。そのときに活躍が期待されているのが水素吸蔵合金なのです。今後、水素吸蔵合金の研究がますます進んでいくことでしょう。

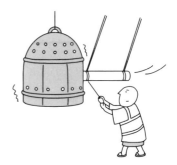

06 金属元素（3）

カルシウムの単体は身近なところにはありませんが、化合物はいろいろな場面で利用されます。その変化と特徴を整理します。

Point

カルシウムはいろいろな化合物を作る

カルシウムの化合物には、次のようなものがある。これらが、どのような変化を通して生成されるのか、あわせて整理する。

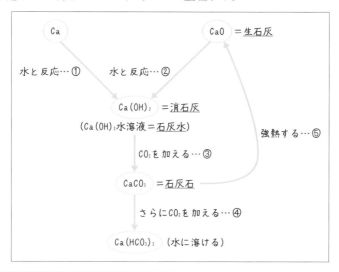

カルシウムの化合物の変化の仕組み

Pointでまとめた①～⑤の変化は、次のようにして起こります。

まず①ですが、単体のカルシウム（Ca）は、アルカリ金属と同じように水に溶けて水素を発生します。

$$Ca + 2H_2O \rightarrow Ca(OH)_2 + H_2$$

②は、酸化カルシウム（生石灰（CaO））に水を加えると、多量の熱を発生し

て水酸化カルシウム（消石灰（$Ca(OH)_2$））に変化します。

$$CaO + H_2O \quad \rightarrow \quad Ca(OH)_2$$

③と④については、水酸化カルシウム（$Ca(OH)_2$）の水溶液を**石灰水**といいます。これに二酸化炭素（CO_2）を加えると、炭酸カルシウム（石灰石（$CaCO_3$））の沈殿が生じて石灰水は白濁します。

$$Ca(OH)_2 + CO_2 \quad \rightarrow \quad CaCO_3 + H_2O$$

その後もさらにCO_2を加え続けると、$CaCO_3$が炭酸水素カルシウム（$Ca(HCO_3)_2$）に変化して、白濁は消えます。

$$CaCO_3 + CO_2 + H_2O \quad \rightleftarrows \quad Ca(HCO_3)_2$$

⑤は、$CaCO_3$を強熱すると、CO_2を発生して酸化カルシウム（生石灰（CaO））に変化します。

$$CaCO_3 \quad \rightarrow \quad CaO + CO_2$$

〔Business〕 ひもを引くと温かくなる弁当の仕組み

酸化カルシウム（生石灰（CaO））が水と反応するときには、多量の熱が発生します。この反応を利用した、食べる直前に温められる弁当があります。弁当箱の底のほうへ、酸化カルシウムと水を仕切って入れておきます。そして、弁当を食べる前にひもを引くと酸化カルシウムと水が混ざる仕組みになっていて、これによって発熱が起こるのです。

カルシウムの化合物としては、他にも硫酸カルシウムがあります。水を含んだ硫酸カルシウムは石膏（せっこう）と呼ばれ、石膏像・建築材・ギプスなどに利用されます。カルシウムが含まれているのは骨や牛乳だけではないのです。

07 化学薬品の保存法

化学物質を生成する場所では、化学薬品の厳正な管理が欠かせません。
危険を避けながら、薬品に変化が起こらないようにすることも必要とされます。

Point

化学薬品の特徴に応じた保存が必要である

化学薬品の保存法は、次のように整理できる。

薬品の種類	保存方法
黄リン	水中
アルカリ金属	石油中
フッ化水素酸（HF水溶液）	ポリエチレン容器中
• 水酸化ナトリウム • 水酸化ナトリウム水溶液	ポリエチレン容器中
• 濃硝酸 • 銀の化合物（$AgNO_3$、$AgCl$など）	褐色のびんの中
臭素	アンプルの中

薬品保存法の理由

　黄リンは、マッチ箱のやすり面などに利用される赤リンの同素体です。赤リン
は安全ですが、黄リンは空気中で自然発火する恐ろしいものです。さらに、猛毒
でもあります。空気中での自然発火を避けるため、黄リンは**水中で保存する**必要
があります。

　リチウム、ナトリウム、カリウムなどのアルカリ金属は、反応性が極めて大き
な金属です。そのため、空気中に含まれる酸素と反応してすぐに錆びてしまいま
すし、空気中の水蒸気とも反応して溶けてしまいます。こういった反応を避ける
ため、アルカリ金属は**石油（灯油など）の中**で保存します。

　フッ化水素（HF）の水溶液を、フッ化水素酸といいます。これは、ガラスを腐

食してしまいます。そのため、ガラス容器に保存できません。そこで、**ポリエチ
レンというプラスチック容器**に保存します。ポリエチレンは、フッ化水素酸に
よって腐食されることはありません。

　水酸化ナトリウム（固体）や水酸化ナトリウム水溶液も、同様にガラスを腐食
します。したがって、これらもポリエチレンの容器に保存します。

　濃硝酸（液体）や、$AgNO_3$、$AgCl$といった銀の化合物（固体）は、光が当た
ると分解反応を起こしてしまいます。そのため、**光を遮る褐色のガラスでできた
びんの中**で保存します。

　臭素（常温で液体）には、とても揮発しやすい特徴があります。そのため、**ア
ンプルという密閉性の高いガラス容器**に封入します。

　水酸化ナトリウムには**潮解性**があります。潮解性とは、空気中の水分を吸収す
る性質のことです。水分を吸った水酸化ナトリウムはベトベトになってしまいま
す。また、空気中の二酸化炭素とも反応してしまいます。こういった特徴から、
水酸化ナトリウムは**密閉性の高いポリエチレン容器**に保存します。

　水酸化ナトリウム水溶液も、密閉性の高いポリエチレン容器に保存します。た
だし、水酸化ナトリウム水溶液の場合はガラスと反応するといってもその反応速
度が小さいので、**ガラスびん**に保存することもできます。その場合は、ガラス栓
を使うとすり合わせ部分が腐食されて栓が抜けなくなることがあるため、ゴム栓
やシリコンゴム栓を使います。

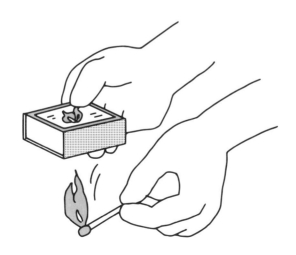

08 無機工業化学（1）

工場で実際に利用されている化学を工業化学といいます。そこでは、原料を安くする・反応速度を上げる・生成物の収率を上げる工夫がされています。

Point

高温・高圧にしてアンモニアを大量生成する

ハーバー・ボッシュ法

アンモニア（NH_3）は、**ハーバー・ボッシュ法**によって次のように製法されている。

$$N_2 \ + \ 3H_2 \ \longrightarrow \ 2NH_3$$

約500℃
高圧（200〜1,000気圧）
触媒（主成分：Fe）

窒素と水素からアンモニアが生成する反応

窒素（N_2）と水素（H_2）からアンモニア（NH_3）が生成する反応は、「$N_2 \ + \ 3H_2 \ \rightleftarrows \ 2NH_3 \ + \ 92\,kJ$」という平衡状態になる。

アンモニアの収率を上げるには、平衡を右へ移動させればよいが、そのためには、

- 低温にする（→発熱反応が進むため、平衡が右へ移動する）
- 高圧にする（→分子の数を減らすため、平衡が右へ移動する）

必要がある。

しかし、低温にすると反応速度が下がってしまうという問題がある。そのため、ある程度の高温（約500℃）とし、さらにFeを主成分とする触媒を加えて、反応速度を上げている。

発煙するほど濃い硫酸を作ってから薄める

アンモニアに続いて、硫酸（H_2SO_4）の製法を紹介します（アンモニアと並べて紹介する理由は、Businessを参照してください）。

硫酸は、工業的には**接触法**と呼ばれる方法で製法されています。

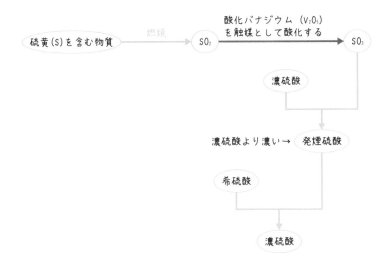

三酸化硫黄（SO_3）を最も吸収しやすいのは**濃硫酸**です。したがって、これを濃硫酸へ吸収させます（発煙硫酸）。しかし、これでは濃すぎます。そのため、希硫酸を加えて薄めるのです。

このようにして、濃度を調整しながら濃硫酸を製法します。

Business 肥料に使われる重要な成分

世界人口が増え続ける中、食糧確保は人類共通の課題となっています。限られた土地で食糧生産量を増やすのには、肥料が欠かせません。

肥料に使われる重要な成分に、**硫酸アンモニウム**（$(NH_4)_2SO_4$）があります。これは、アンモニアと硫酸を反応させることで生成されます。アンモニアや硫酸は、肥料となる硫酸アンモニウムの製法に欠かせない原料なのです。

アンモニアや硫酸が工業的に製法できるようになったことが、世界の人口増加を助けてきました。

無機工業化学（2）

続いて、水酸化ナトリウムの製法を紹介します。こちらも、身近なものに利用される重要な物質です。

Point

ナトリウムはありふれた原料から生成される

陽イオン交換膜法

水酸化ナトリウム（$NaOH$）を作るのに必要な原料は、塩化ナトリウム（$NaCl$）と水（H_2O）だけである。

次のように装置を工夫し、さらに電気分解を行うことで、$NaOH$水溶液を得ることができる。この方法は**陽イオン交換膜法**と呼ばれる。

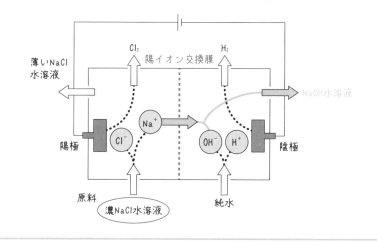

📖 特定のイオンだけを交換する膜

水酸化ナトリウムの製法では、**陽イオン交換膜**という膜を使います。これは、陽イオンだけを通過させ、陰イオンは通過させないという特徴を持った膜です。どうしてこれが必要なのでしょうか。

$NaOH$は、Pointにある図の右側から送り出されます。装置の中には塩化物イ

242

オン（Cl^-）も存在しますが、これは図の左側から送り出されるのです。塩化物イオンが右側に混ざってしまうと、純粋な水酸化ナトリウムにならなくなってしまいます。

　塩化物イオンは、陰イオンです。装置の中央に陽イオン交換膜を置くことで、これが左側から右側へ移動するのを防いでいるのです。

　逆に、ナトリウムイオンは右側へ通過する必要があります。陽イオン交換膜は、陽イオンであるナトリウムイオンは通過させるのです。

　この製法において、各電極で起こる反応は次のように示されます。

$$陽極で起こる反応：2Cl^- \quad \longrightarrow \quad Cl_2 + 2e^-$$

$$\Downarrow$$

$$陰極で起こる反応：2H^+ + 2e^- \quad \longrightarrow \quad H_2$$

　ここで、NaCl水溶液を電気分解すれば、図のような装置を使わなくてもこの反応は起こることがわかります。しかし、図のように陽イオン交換膜で仕切らないと、発生するNaOH（塩基性）とCl_2（酸性）との間で反応が起きてしまい、純粋なNaOH水溶液を得ることができないのです。

🖥 Business 石鹸を製造するときの原料

　石鹸を製造するときの原料となるのが、水酸化ナトリウムです。現代生活において、石鹸を欠かすことはできないでしょう。私たちの生活を支える存在だといえます。

　また、水酸化ナトリウムは製紙工業や繊維工業でも利用されます。さらに、ソーダ石灰として乾燥剤にも利用されます。

　水酸化ナトリウムは、理科の実験で見ただけという人も多いのではないでしょうか。しかし、これはとても役立つものだとわかります。化学反応を通してさまざまなものに変化させることで、用途が大きく広がるのです。

10 無機工業化学（3）

次に、炭酸ナトリウムの製法を説明します。ナトリウムの化合物として、水酸化ナトリウムと並んで活用されている物質です。

Point

炭酸ナトリウムはアンモニアソーダ法で製法される

炭酸ナトリウム（Na_2CO_3）は、工業的にはアンモニアソーダ法（または
ソルベー法）と呼ばれる下図のような方法で製法される。

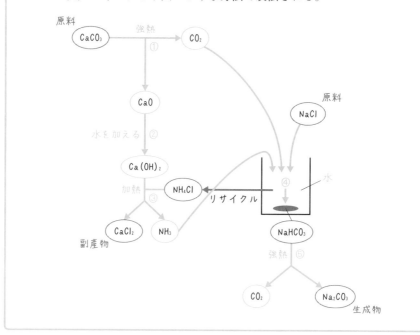

📖 巨万の富を得たソルベー

Pointに挙げたアンモニアソーダ法の過程①～⑤では、それぞれ次のような反
応が起こります。

①：$CaCO_3 \rightarrow CaO + CO_2$

②：$CaO + H_2O \rightarrow Ca(OH)_2$

③：$Ca(OH)_2 + 2NH_4Cl \rightarrow CaCl_2 + 2NH_3 + 2H_2O$

④：$NaCl + NH_3 + CO_2 + H_2O \rightarrow NaHCO_3 + NH_4Cl$

⑤：$2NaHCO_3 \rightarrow Na_2CO_3 + CO_2 + H_2O$

これらを1つにまとめると、「$CaCO_3 + 2NaCl \rightarrow Na_2CO_3 + CaCl_2$」と表すことができます。ここから、$CaCO_3$と$NaCl$が原料で、生成物$Na_2CO_3$とともに副産物$CaCl_2$ができることがわかります。

これを見ると、$CaCO_3$と$NaCl$を直接反応させることで、炭酸ナトリウムを製法できそうです。それなのに、どうして①〜⑤のような回りくどい操作を行うのでしょうか。

実は、$CaCO_3$は水に溶けにくい物質なので、水溶液中ですぐに沈殿してしまいます。したがって、水溶液を作って反応させることができません。

そのような現象を回避したのが、**アンモニアソーダ法**という工夫です。これは、1866年にベルギーのソルベーが工業化に成功した方法です。彼は、この発明によって巨万の富を得たといわれています。

📺 Business 胃腸薬への活用

炭酸ナトリウムは、ガラス製造の原料として欠かすことができない物質です。また、石鹸の製造にも利用されます。

さらに、炭酸ナトリウムの製法過程で生じる炭酸水素ナトリウムは、ベーキングパウダーや入浴剤として利用されています。ベーキングパウダーとして利用できることは、カルメ焼きなどの実験を通して中学校で学んだ方も多いと思います。また、胃酸の分泌を抑える制酸剤（胃腸薬）としても利用されます。

11 無機工業化学（4）

ここからは、単体の金属の製法を紹介します。人類が使用する代表的な金属である鉄・アルミニウム・銅についてです。まずは、アルミニウムの製法を整理します。

Point

アルミニウムはアルミナから製法される

アルミニウム（Al）は、次のようにアルミナ（Al_2O_3）とヘキサフルオロアルミニウムナトリウム（Na_3AlF_6）の混合物の融解塩電解を行うことで得ることができる。

Al_2O_3とNa_3AlF_6の混合物の融解塩電解

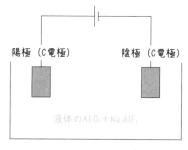

陽極（C電極）　　　陰極（C電極）

液体のAl_2O_3＋Na_3AlF_6

> 普通はC電極は反応しないが、この場合だけ特別に反応する

※陽極で起こる反応：$\begin{cases} C + O^{2-} \rightarrow CO + 2e^- \\ C + 2O^{2-} \rightarrow CO_2 + 4e^- \end{cases}$

陰極で起こる反応：$Al^{3+} + 3e^- \rightarrow Al$：陰極に単体のアルミニウムが析出する

> 液体中にはNa^+も存在するが、Naのイオン化傾向はAlより大きいため、Na^+は反応しない。これも、氷晶石を利用する理由である。

水溶液の電気分解でアルミニウムを製法できない理由

アルミニウム（Al）は、水素（H）よりも**イオン化傾向が大きい金属**です。そのため、アルミニウムイオン（Al^{3+}）を含む水溶液を電気分解しても、単体のAlを得ることはできません。代わりに、水素が発生してしまうのです。

この辺りの事情は、たとえばナトリウム（Na）の製法でも共通です。ナトリウ

ムは、次のように塩化ナトリウムを**融解塩電解**して製法します。

● NaClの融解塩電解

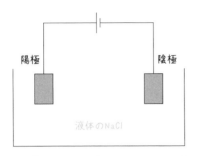

※陽極で起こる反応：$2Cl^- \rightarrow Cl_2 + 2e^-$
　陰極で起こる反応：$Na^+ + e^- \rightarrow Na$：陰極に単体のナトリウムが析出する

※NaClの融点は約800℃なので、そこまで加熱して融解する必要がある

　固体である塩化ナトリウムを加熱して融解させてから電気分解をするのが、融解塩電解です。

　単体のAlを得るときには、ボーキサイトの主成分である酸化アルミニウム（Al_2O_3）を融点まで加熱して液体にしてから電気分解します。ただし、（NaClの融点が約800℃であるのに対し）Al_2O_3の融点は約2,000℃と大変高く、この温度まで加熱するのは大変です。そこで、Al_2O_3を多量の氷晶石（Na_3AlF_6）と混合すると1,000℃以下で融解するようになることを利用し、この混合物を融解塩電解して単体のAlを製造しているのです。

Business 航空機や自動車の軽量化に欠かせない金属

　アルミニウムには、**鉄や銅より軽い**という特徴があります。そのため、航空機や自動車の軽量化に欠かせない金属です。

　アルミニウムの製法には、上記のような方法が利用されるため、大きなエネルギーが消費されます。そのため、電気の缶詰とも呼ばれます。

　リサイクルによってアルミニウムを再生産する場合、融解塩電解よりもずっと小さなエネルギーで同じ量の製法ができます。アルミニウムのリサイクルは、特に有効なのです。

12 無機工業化学（5）

次に、単体の鉄の製法を紹介します。鉄は、最も多く使われている金属です。

Point

鉄鉱石を還元して鉄を得る

　鉄鉱石の主成分は、酸化鉄である。これを一酸化炭素（CO）によって還元することで、鉄を作ることができる。

　ただし、このようにして製法した鉄には炭素（C）が多く含まれてしまう。そのままでは、硬いがもろいという性質を持った鉄になってしまう。そこで、酸素を使って鉄から炭素を取り除く必要がある。

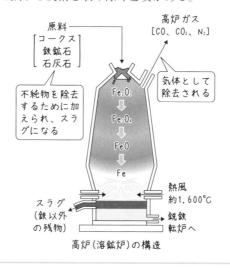

高炉（溶鉱炉）の構造

製鉄所で行っていること

　単体の鉄（Fe）を製法する原料は、**鉄鉱石**です。鉄鉱石には、赤鉄鉱（Fe_2O_3）、磁鉄鉱（Fe_3O_4）など、いろいろな種類があります。ただし、いずれも Fe が酸化されている点が共通です。したがって、単体の Fe を得るには鉄鉱石を還元すれ

ばよいことになります。

　鉄鉱石をコークス（純粋な炭素）とともに溶鉱炉へ入れて約1,600℃の熱風を送り込むと、鉄鉱石（の中のFe）が還元されます。その後の操作とともに概要を整理すると、次のようになります。

● **鉄鉱石の還元**

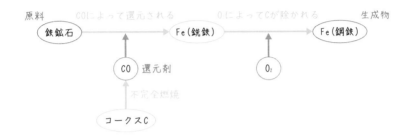

　鉄鉱石がCOによって還元される反応は、たとえば次のように表すことができます。

$$Fe_2O_3 + 3CO \rightarrow 2Fe + 3CO_2$$

　ここから、製鉄の過程で温室効果ガスである二酸化炭素が排出されることも理解できます。ただし、この段階で生成される鉄は銑鉄と呼ばれ、炭素Cを約4％含むものになります。これは硬くてもろいため、Cを取り除かないと使えません。

　酸素を用いて炭素が取り除かれたのが、鋼鉄（炭素Cが2％以下）です。このようにして、強靱な鉄が生まれるのです。

Business 鉄は金属の王様

　鉄を表す古い文字に「鐵」があります。これは、鉄が「金に王たる哉」ことを示しています。鉄はすべての金属の中で、人類が古くから最も使用してきたものです。現在でも、人類が利用する金属の中で最も多く使用されているのは鉄です。まさに、金属の王様といえるのです。現在、自動車、建築材料など、鉄の用途を挙げれば切りがありません。

13 無機工業化学（6）

最後に、単体の銅の製法を紹介します。これも人々の生活を支える重要な金属です。

Point

銅は電解精錬してから使用される

　金属から不純物を取り除く操作を精錬という。純粋な銅は、電気分解によって精錬する**電解精錬**によって生み出される。

銅の電解精錬

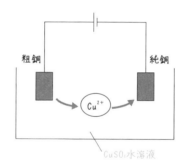

粗銅　　　純銅

Cu²⁺

CuSO₄水溶液

　上のように、粗銅を陽極の極板、純銅を陰極の極板として硫酸銅（II）（$CuSO_4$）水溶液を電気分解すると、

　　陽極：$Cu \rightarrow Cu^{2+} + 2e^-$

　　陰極：$Cu^{2+} + 2e^- \rightarrow Cu$

のように反応が進み、粗銅が減少して純銅が増加する。

粗銅に含まれる不純物の行方

　銅の単体Cuは、黄銅鉱（$CuFeS_2$）を空気を吹き込みながら加熱することで得られます。

　しかし、このときのCuには多くの不純物が含まれます。これを**粗銅**といいます。粗銅を、不純物を含まない純銅にするために行われるのが電解精錬です。こ

のとき、不純物はどこへ行くのでしょうか。銅よりもイオン化傾向が小さい金属と、大きい金属に分けて考えてみます。

• Cuよりイオン化傾向の小さい金属（Au、Agなど）

Cuよりイオン化傾向が小さいので、イオン化せず陽極付近に沈殿します（この沈殿は陽極泥と呼ばれる）。

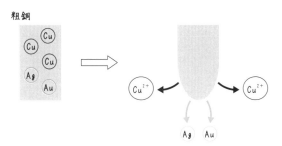

• Cuよりイオン化傾向が大きい金属（Fe、Niなど）

イオン化して溶液中に溶け出すが、Cuよりイオン化傾向が大きいので還元されず、溶液中に残ります。

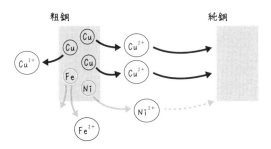

なお、Pbの場合は、Pb^{2+} になるとすぐに溶液中の硫酸イオン SO_4^{2-} と結合して沈殿します。

Business 電線の材料

銅は、世界中に張り巡らされている電線の材料として利用されています。電気を通しやすく、比較的安価に製造できるからです。また、銅はいろいろな金属と混ぜて、合金として利用されることが多い金属です（05参照）。

毒性のある気体の利用

　毒性のある気体については知っておく必要があります。
たとえば、塩素はプールなどの消毒でも使いますが、毒性があるので使いすぎは禁物です。また、第一次世界大戦では、ドイツ軍がフランス軍に向かって塩素ガスを放ち、5,000人もの死者を出しました。

　また、オゾンにも毒性があります。オゾンは上空数十kmの成層圏に集まっていますが、たとえばコピー機で放電を行ったときにも発生しています。オゾンは、殺菌作用があるため空気清浄に使われることもあります。

将来のエネルギー源として期待されるメタンハイドレート

　メタンハイドレートは、水分子が作るかご状構造の中にメタン分子が取り囲まれた固体物質です。外見は氷やドライアイスと似ていますが、点火するとメタンが燃えて、水だけが残ります。また、メタンを取り出して利用することもできます。

　メタンは、炭素の含有率が他の炭化水素に比べて低くなっています。そのため、燃焼させたときの二酸化炭素排出量が少なく、温暖化への影響も比較的小さいと考えられます。

　メタンハイドレートは低温高圧の条件で生じます。そのため、深海の海底面下や極地方の永久凍土などに大量に存在しています。日本近海の海底面下にも多く存在し、将来のエネルギー資源として期待されています。

化学編
有機化学

有機化合物とは炭素が中心となって構成されている物質のこと

　有機化合物は、もともとは生物の身体を作る物質のことでした。現在は人工的に生成される物質も含め、**炭素を含む化合物のこと**を有機化合物と定義しています。それらの物質について、整理して復習します。

　有機化学についても、やはり、Chapter 05で学んだ化学理論がベースになっていることに注意が必要です。そういった理解なしに学ぼうとすると、有機化学の分野もまた膨大な丸暗記学習に陥ってしまいます。

　さて、有機化合物は炭素が中心となって構成されている物質です。それを燃やすと、空気中の酸素と炭素が結びついて、二酸化炭素が発生します。実は、このことが現在の地球温暖化につながっているのです。

　地球温暖化の元凶は、化石燃料の大量消費による空気中の二酸化炭素の増加であることは、疑う余地がない事実でしょう。ここで、石炭・石油・天然ガスなどを化石燃料といいますが、どうしてこれらが「化石」なのでしょうか。

　実は、これらはすべてかつての生物がもとになって作られたものなのです。植物や動物の遺骸が地中に埋まり、長い年月をかけて変性してできたのが石炭や石油といったものです。そういう意味で「化石」なのです。

　植物や動物の身体を構成するのが有機化合物、そしてその中心元素は炭素というわけでした。そうであれば、それらから作られた化石燃料の中心元素も炭素になります。そして、その消費（燃焼）によって二酸化炭素が排出されるのは、当然のことといえるのです。

　有機化合物の理解は、まずは**その分類**から始まります。有機化合物は数えきれないほどあります。膨大な種類の物質を整理して理解するには分類が欠かせません。本章の冒頭でそのことを説明します。後半で物質が大量に登場して混乱したら、分類のところに戻ってみてください。案外、スッキリと理解できることが多々あることに気づくと思います。

教養として学ぶには

　私たちの身体は、有機化合物でできています。有機化合物について理解することは、生命そのものの理解にもつながります。

仕事で使う人にとっては

　医薬品、染料、繊維、プラスチックなど、有機化合物をもとに合成されているものは、枚挙に暇がありません。合成化学には、有機化合物の理解が必須です。

受験生にとっては

　入試において、高配点で出題される分野です。理論化学との組み合わせで出題されることも多いです。そのため、丸暗記しただけで解けるようになるものではありません。理論化学に不安がある場合は、その学習をすることも欠かさないでください。

　その上で、やはり知識も必要です。知識がなければ考えることもできないからです。知識と理論の理解は車の両輪のような関係です。どちらも大切に学習を進めていきましょう。ただし、順番としては理論化学を理解した後に有機化学の学習をすると効果的です。

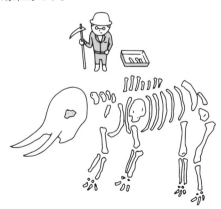

01 有機化合物の分類・分析

ここからは、炭素を骨格とする化合物である「有機化合物」について
解説します。生命を構成するのも、有機化合物です。

Point

有機化合物の中心は炭化水素

　有機化合物はC、H、O、Nなどの原子が主な構成成分である。まずは、そ
の中でも一番シンプルなCとHだけを成分とする「炭化水素」のポイントを
整理する。

環式構造と鎖式構造

● 環式構造：原子が結合を繰り返し、閉じた形（1周して元へ戻る形）になっ
　ているもの

● 鎖式構造：開いた形（環式構造がない）のもの

炭化水素の分類（芳香族を除く）

鎖式
- アルカン：単結合のみ
- アルケン：二重結合を1個だけ持つもの
- アルキン：三重結合を1個だけ持つもの

環式
- シクロアルカン：環式構造のアルカン
- シクロアルケン：環式構造のアルケン

一般式（＝炭素原子の数が n の場合の化学式）

鎖式
- アルカン：C H
- アルケン：C H
- アルキン：C H

環式
- シクロアルカン：C H
- シクロアルケン：C H

📖 炭化水素の化学式は丸暗記せず理解する

　Pointで登場した各炭化水素について、どうしてそのような化学式で表せるのか説明します。まずは、**鎖式**（環式構造が存在しない）からです。

　単結合しかないアルカンから、二重結合を1つ含むアルケン、三重結合を1つ含むアルキンと変化するときの状況は、次のように理解できます。

• **アルカンの場合**

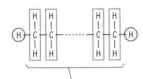

　この部分では、Hの数はCの数の2倍 ⇒ 両端のHで「＋2」 … C_nH_{2n+2}

　↓ 二重結合が1つできると、Hが2つ減る

• **アルケンの場合**

　Hが2つ減る … C_nH_{2n} = C_nH_{2n}

```
      H  H        H  H
      |  |        |  |
H—C══C ┄┄┄┄┄ C—C—H
      |  |        |  |
      H  H        H  H
```

　↓ 二重結合が三重結合になると、さらにHが2つ減る

• **アルキンの場合**

```
              H  H
              |  |
H—C≡C ┄┄┄┄┄ C—C—H
              |  |
              H  H
```

　さらにHが2つ減る … C_nH_{2n-2}

　では、環式構造を含むものの場合はどうでしょう。アルカンとアルケンに分けて、それぞれ考えてみます。

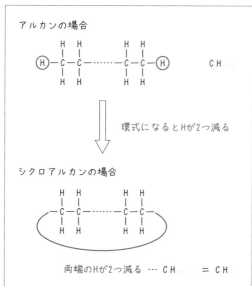

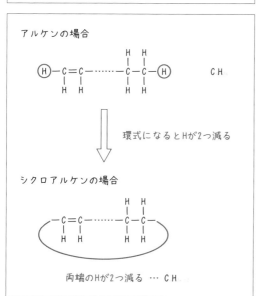

鎖式というのは、炭素原子の結合に端点があるような構造のことです。これは、ちょうど鎖に似ていることから鎖式と呼ばれます。

　炭素の結合が執着する部分では、炭素の手がフリーな状態で残ることはなく、水素原子が結合した状態になります。これが端点です。鎖式の化合物には最低2ヶ所の端点があるはずです。

　これに対して、炭素原子の結合に端点がなく循環するような構造の化合物もあります。これを環式と言います。山手線のようなものです。

　鎖式の化合物の2ヶ所の端点からそれぞれ水素原子が取れると、炭素原子のフリーな手が2本できることになります。この2本をつないでやると、環式になるのです。

● 鎖式のイメージ

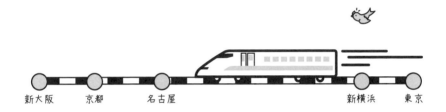

● 環式のイメージ

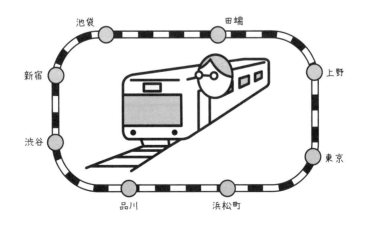

02 脂肪族炭化水素

ここでは、環状構造を含まない鎖式の炭化水素（＝脂肪族炭化水素）について説明します。有機化合物のベースとなります。

Point

炭化水素の命名法

炭化水素は、次のように名前がつけられている。

アルカンの名前

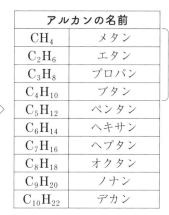

数を表す言葉（接頭語）	
1	モノ
2	ジ
3	トリ
4	テトラ
5	ペンタ
6	ヘキサ
7	ヘプタ
8	オクタ
9	ノナ
10	デカ

アルカンの名前	
CH_4	メタン
C_2H_6	エタン
C_3H_8	プロパン
C_4H_{10}	ブタン
C_5H_{12}	ペンタン
C_6H_{14}	ヘキサン
C_7H_{16}	ヘプタン
C_8H_{18}	オクタン
C_9H_{20}	ノナン
$C_{10}H_{22}$	デカン

この4つは慣用名

アルケンの名前

基本的にはアルカンの語尾が「エン」に変わるが、慣用名も使われる。

アルカンの名前	
CH_4	メタン
C_2H_6	エタン
C_3H_8	プロパン
C_4H_{10}	ブタン
C_5H_{12}	ペンタン

アルケンの名前	
（なし）	
C_2H_4	エテン（エチレン）
C_3H_6	プロペン（プロピレン）
C_4H_8	ブテン
C_5H_{10}	ペンテン

脂肪族炭化水素の性質の違い

まずは、アルカンの沸点と融点について整理します。

CH_4	メタン
C_2H_6	エタン
C_3H_8	プロパン
C_4H_{10}	ブタン
C_5H_{12}	ペンタン
C_6H_{14}	ヘキサン
C_7H_{16}	ヘプタン
C_8H_{18}	オクタン
C_9H_{20}	ノナン
$C_{10}H_{22}$	デカン

常温で気体

常温で液体

分子量　大　⇒　分子間力　大　⇒　沸点・融点　高

脂肪族炭化水素は、いろいろな反応を起こします。このとき、

- **単結合しか持たないアルカンは付加反応を起こさず、置換反応を起こす**
- **二重結合を持つアルケン・三重結合を持つアルキンは、付加反応を起こす**こと

を知っていると、反応を理解しやすくなります。

● **アルカンの反応**

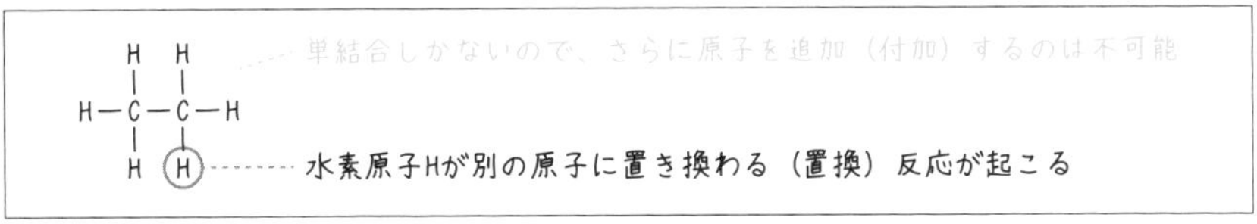

単結合しかないので、さらに原子を追加（付加）するのは不可能

水素原子Hが別の原子に置き換わる（置換）反応が起こる

● **アルケンの反応**

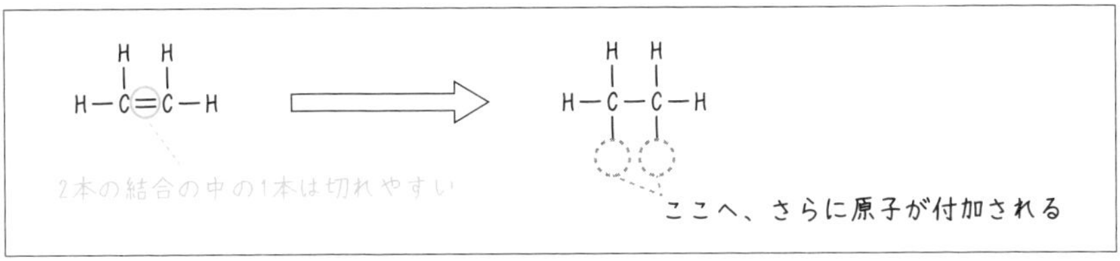

2本の結合の中の1本は切れやすい

ここへ、さらに原子が付加される

03 アルコールとエーテル

続いて、酸素を含む脂肪族化合物について整理します。まずは、アルコールとエーテルです。特にアルコールは身近な物質です。

Point

アルコールとエーテルは構造異性体である

アルコールとエーテルは、同じ分子式で表されながら分子の形が異なる関係にある。このような関係を**構造異性体**という。

構造異性体の例

ともに C_2H_6O という分子式で表される

分子式は同じでも性質が異なるため異性体といわれる。

アルコールとエーテルには、次のような性質の違いがある。

アルコールとエーテルの性質の比較

アルコールの性質		エーテルの性質
沸点が高い 水に溶けやすい	相対的に ⟷	沸点が低い 水に溶けにくい
Na と反応して H_2 を発生する		Na と反応しない

アルコールとエーテルの性質

アルコールには、次のような性質があります。

- 中性である
- ナトリウム（Na）と反応して水素（H_2）を発生する

> メタノール（$CH_3 - OH$）の場合：$2CH_3 - OH + 2Na \rightarrow 2CH_3 - ONa + H_2$

- Cが少ないアルコールほど水に溶けやすい
- メタノールには毒性があるが、エタノールには毒性がない

　アルコールの中で一番身近なのはエタノールでしょう。お酒に入っているアルコールも消毒に使うのもエタノールです。エタノールには、**温度によって異なる脱水反応を示す**という特徴もあります。温度が低いときには脱水の勢いが弱いので、エタノール2分子から水1分子が取れます。それに対して温度が高いときには脱水の勢いが強いので、エタノール1分子から水1分子が取れます。

・130〜140℃で反応するとき：分子間脱水が起こる

・160〜170℃で反応するとき：分子内脱水が起こる

　これに対して、代表的なエーテルであるジエチルエーテルには、麻酔作用や引火性があるという性質があります。

アルデヒドとケトン

アルコールは、アルデヒドやケトンに変化する場合があります。これらの物質の性質も重要です。

Point

👆 アルデヒドとケトンは、アルコールの酸化によって生じる

アルコールには、次のような種類がある。

分　類	構造式
第1級アルコール	H | R ─ C ─ OH　（R─はH─でもよい） | H
第2級アルコール	R' | R ─ C ─ OH | H
第3級アルコール	R' | R ─ C ─ OH | R"

そして、これらが酸化されると次のように変化する。

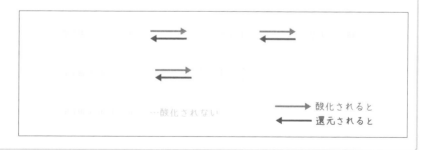

アルデヒドの性質

アルデヒドは、次の2つの反応を起こします。これは、アルデヒドに**還元性**があるためです。

● **フェーリング反応**

フェーリング液（青色）にアルデヒドを加えて加熱すると、溶液が赤くなります。

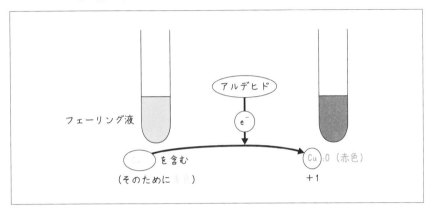

● **銀鏡反応**

アンモニア性硝酸銀水溶液にアルデヒドを加えて加熱すると、銀が析出します。

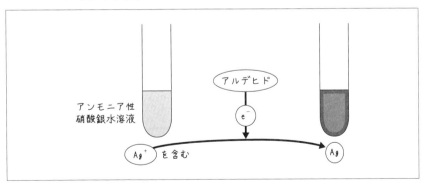

05 カルボン酸

アルデヒドがさらに酸化されると、カルボン酸になります。どのような性質があるのでしょう。

> **Point**
>
> ## カルボン酸は、アルデヒドの酸化によって生じる
>
> アルデヒドがさらに酸化されると、カルボン酸になる。このときにも、分子に含まれる炭素Cの数は変わらない。このことから、どのようなアルデヒドがどのようなカルボン酸になるか判断できる。
>
> ●アルデヒド→カルボン酸の例
>
> | 炭素Cの数 | アルデヒド | | カルボン酸 |
> |:---:|---|---|---|
> | 1 | ホルムアルデヒド$HCHO$ | 酸化されると | 蟻酸 $H-COOH$ |
> | 2 | アセトアルデヒドCH_3CHO | | 酢酸 CH_3-COOH |
> | 3 | プロピオンアルデヒドC_2H_5CHO | | プロピオン酸C_2H_5-COOH |

カルボン酸の性質

カルボン酸の酸性の強さには、**種類によって差があります**。次のように、カルボン酸の分類とともに整理できます。

● **カルボン酸の分類①**

カルボン酸は、Cの数によって次のように分類される。

```
低級脂肪酸（＝Cの数が少ない）  ⟷  高級脂肪酸（＝Cの数が多い）
  水に溶けやすい                        水に溶けにくい
  酸性が強い          ⟷              酸性が弱い
```

● カルボン酸の分類②

カルボン酸は、炭化水素基部分によっても次のように分類される。

また、次の2つのカルボン酸には還元性があります。

● 還元性を持つカルボン酸

次の2つのカルボン酸は還元性を持ちます。そのため、フェーリング反応や銀鏡反応を起こします。

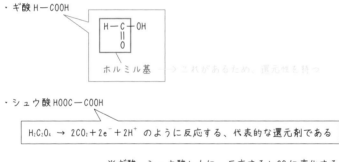

※ギ酸、シュウ酸ともに、反応するとCO_2に変化する

💻 Business 酢酸はさまざまな用途に使われている

酢酸は、食酢に3〜5％含まれている成分です。また、医薬品や染料の原料にもなります。

酢酸には、水分子が取れた無水酢酸もあります。無水酢酸は、アセテート繊維や医薬品の原料となります。

06 エステル

カルボン酸とアルコールを反応させると、エステルが生成されます。エステルにも特有の性質があります。

Point

エステル化は脱水反応

カルボン酸とアルコールは、次のような反応を起こす。

エステル化

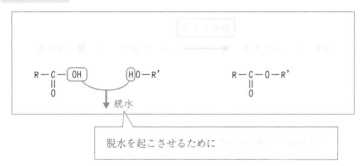

脱水を起こさせるために

濃硫酸には脱水作用がある。カルボン酸とアルコールの間から水分子を抜き取り、結合させる働きがある。

このように、脱水することで結合する反応を**脱水縮合**という。

エステルの性質

エステルに多量の水を加えて放置すると、カルボン酸とアルコールに分解します。これを**加水分解**といいますが、これはエステル化の逆向きの反応と理解できます。

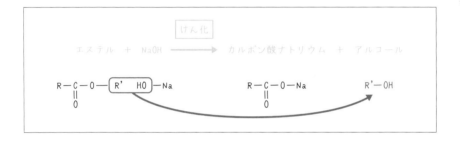

さらに、エステルは水酸化ナトリウム（NaOH）とも次のように反応を起こします。この反応は**けん化**と呼ばれます。

エステルは、由来となったカルボン酸とアルコールがわかるように命名されています。

（例）CH_3COOH ＋ C_2H_5OH → $CH_3COOC_2H_5$ ＋ H_2O
エタノール　　　　　　エチル

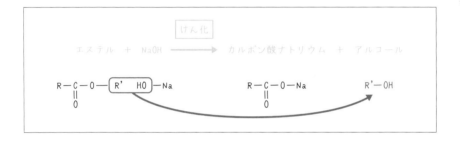

Business　エステルは飲料やお菓子の香料に利用されている

エステルは沸点が低く、揮発性の高い物質です。そして、特有な臭いを持っています。この性質を利用して、エステルは飲料やお菓子の香料に利用されます。

そもそも、天然の食品のにおい成分でもあります。たとえば、酢酸エチルはバナナ、パイナップル、イチゴなどに含まれる成分です。

教養 ★★★　　**実用** ★★★★★　　**受験** ★★★★

07 油脂と石鹸

エステルのけん化は、石鹸の製造につながる反応です。油脂と石鹸には、意外な関係があります。

Point

エステル化によって油脂が作られる

油脂は、エステル化によって作られる。ただし、その場合のカルボン酸は「高級脂肪酸」、アルコールは「グリセリン」である必要がある。

油脂の製法（エステル化）

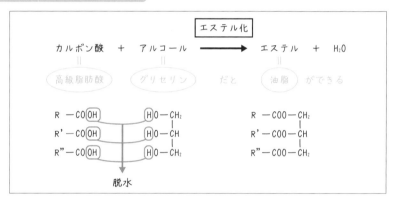

脂肪と脂肪油

油脂には、常温で固体の**脂肪**と常温で液体の**脂肪油**とがある。どちらになるかは、飽和脂肪酸もしくは不飽和脂肪酸のどちらを多く含むかによって決まる。

脂肪（常温で固体）　＝　飽和脂肪酸を多く含む

脂肪油（常温で液体）　＝　不飽和脂肪酸を多く含む

> 水素H_2を付加すると飽和脂肪酸を多く含むようになるので、
> 常温で固体の油脂に変わる
> ‖
> 硬化油

石鹸は油脂を原料として作られる

　油脂の汚れを落とすのが石鹸ですから、石鹸は油脂とは関係がないものからできそうな気もします。しかし、実は**油脂**から作られるのです。

　次のように、油脂をけん化することで石鹸を得ることができます。

● **石鹸の製法（けん化）**

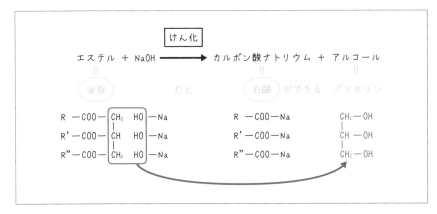

　油を落とす石鹸が油から作られているのは何とも意外です。

Business 石鹸の油汚れを落とす働き

　石鹸の油汚れを落とす働きは、ものの洗浄に欠かすことができません。この働きは、**石鹸の乳化作用**から生まれます。

● **石鹸が汚れを落とす仕組み**

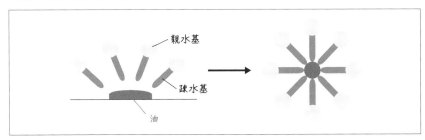

08 芳香族炭化水素

ここまで登場した脂肪族炭化水素に対して、ベンゼン環を有する物質は芳香族炭化水素と呼ばれます。こちらも、身近なところで活用されています。

> 👆Point
> ## 芳香族炭化水素に含まれるベンゼン環

ベンゼン環は次のような構造をしており、次に示す性質を持つ。

ベンゼンの構造

```
         H
         |
         C
   H   ⟋   ⟍   H
    C         C
    ‖         |
    C         C      非常に速く入れ替わる
   H   ⟍   ⟋   H             ↓
         C
         |           「結合の強さ」と「C原子間の距離」は
         H           6つともすべて等しい
```

（略記）

ベンゼンのC間の結合は「単結合」と「二重結合」の中間のようなものなので、

> 結合の強さ　　：三重結合＞二重結合＞ベンゼンの結合＞単結合
>
> ⬇ 結合が強いほど距離は縮まるので
>
> C原子間距離　：三重結合＜二重結合＜ベンゼンの結合＜単結合

となる。

ベンゼンの性質

- 水より軽く、水に溶けない
- 引火性がある
- 有機化合物をよく溶かす

ベンゼンが起こす反応

　ベンゼン環のC間の結合は安定しています。そのため、ベンゼンは付加反応を起こしにくい物質です（付加反応するには、C間の結合の一部が切れる必要があるので）。

　しかし、C間の結合は変化しなくても置換反応は起こせます。ベンゼンは、次に示すような置換反応を行う物質です。

- ハロゲン化

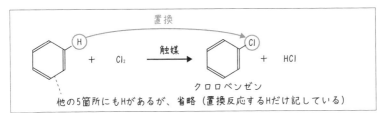

- ニトロ化

- スルホン化

　ベンゼン環は付加反応を起こしにくいですが、触媒を用いて水素を作用させたり、塩素を加えて紫外線を当てたりすると、付加反応を起こすことも可能です。

 09 フェノール類

フェノール類も、ベンゼン環がベースになっています。ベンゼン環の水素原子Hが置換されることで、フェノール類が誕生します。

> **Point**
>
> ## フェノール類の性質
>
> **フェノール類**は、ベンゼン環の水素原子が−OHで置換された形の物質である。
>
> **フェノール類の構造**
>
> | | | |
> |---|---|---|
> | o−クレゾール | m−クレゾール | p−クレゾール |
>
> 1−ナフトール　　　　2−ナフトール
>
> フェノール類には、次のような性質がある。
>
> - 弱酸性である
> - 塩化鉄（Ⅲ）（$FeCl_3$）を加えると紫色を呈する
> - ナトリウム（Na）を加えると、水素（H_2）が発生する

フェノール類が起こす反応

ここまで、−OH（またはOH^-）を持つ物質がいくつか登場しました。これらの酸性・中性・塩基性の区別はとても間違えやすいので、ここで整理しておきたいと思います。

水酸化物（NaOHなど）　　　　　　：塩基性

アルコール（CH₃OHなど）　　　　　：中性

フェノール類（ 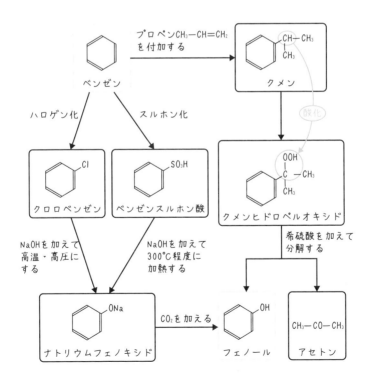 など）　：（弱）酸性

つまり、弱酸性であるフェノール類は次のように塩基と反応するのです。

フェノール類の中で一番シンプルな物質であるフェノールは、次のような3つの方法で製法されます。

教養 ★★★　　実用 ★★★★　　受験 ★★★★★

10 芳香族カルボン酸（1）

芳香族カルボン酸も、ベンゼン環がベースになっています。ベンゼン環の水素原子がフェノール類とは別のもので置換されています。

☞ Point

芳香族カルボン酸の性質

芳香族カルボン酸は、ベンゼン環の水素原子が−COOHで置換された形の物質である。代表的なものは、次の通りである。

芳香族カルボン酸の構造

安息香酸

サリチル酸

フタル酸

イソフタル酸

テレフタル酸

芳香族カルボン酸は、酸性を示す。ただし、強い酸性は示さない。酸性の程度は、酢酸などの脂肪族のカルボン酸と同程度である。

📖 酸性の強さの比較

世の中には、酸性を示す物質がたくさんあります。それらの酸性の強さには、どのような差があるのでしょうか。

高校化学で登場するものについて整理すると、次のようになります。

● 酸性の強さの比較

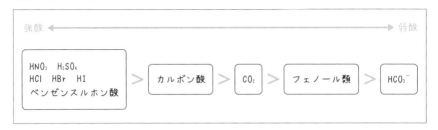

　芳香族カルボン酸は、それぞれ次のような製法で作られます。**－CH₃が酸化されると－COOHに変化する**ことがわかると、理解しやすくなります。

● 安息香酸の製法

　トルエンを酸化させます。

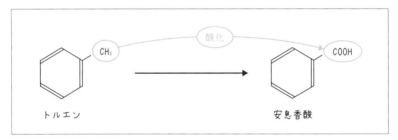

　ベンジルアルコールを酸化させます。

● サリチル酸の製法

　ナトリウムフェノキシドに高温・高圧下で二酸化炭素を作用させます。

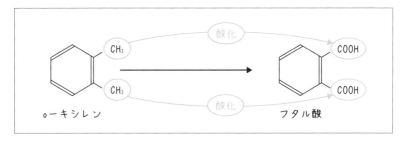

● フタル酸・イソフタル酸・テレフタル酸の製法

キシレンを酸化させます。

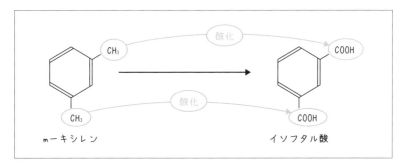

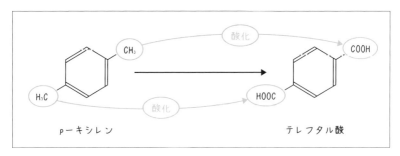

● **無水フタル酸の製法**

ナフタレンを酸化バナジウム（V）（V_2O_5）（＝ 触媒）の存在下で空気酸化させます。

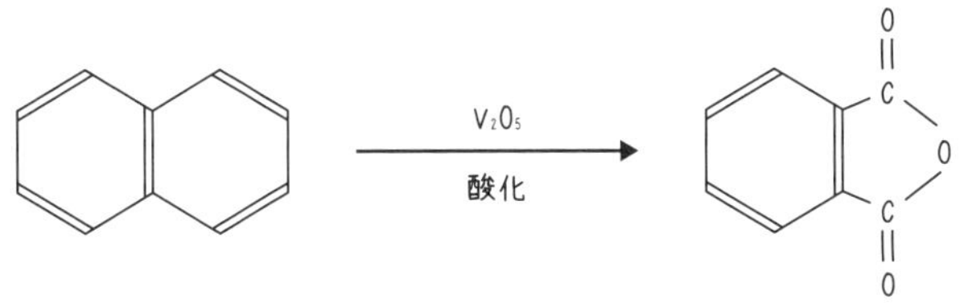

ナフタレン　　　　　　　　　　　　　　　　　　無水フタル酸

これらの反応の理解としては、**$-CH_3$という部分（メチル基）が酸化されると、$-COOH$（カルボキシ基）になること**がポイントとなります。酸化反応では、「H」が取れて「O」がくっつくため、このようになるのです。

📺 Business 食品の保存料として用いられる物質

安息香酸は、食品の保存料として用いられる物質です。また、染料・医薬品・香料の原料としても重要です。

フタル酸は、無水フタル酸として合成樹脂・染料・医薬品などの原料となっています。

なお、テレフタル酸およびサリチル酸も重要な芳香族カルボン酸ですが、これらについては次節で説明します。

11 芳香族カルボン酸（2）

芳香族カルボン酸のうち、テレフタル酸とサリチル酸の性質と用途について整理したいと思います。どちらも、私たちの生活に欠かせないものです。

Point

テレフタル酸の反応

テレフタル酸は、次のようにエチレングリコールと結合する。

$$
\begin{array}{c}
\text{HO} - \overset{\displaystyle C}{\underset{\displaystyle O}{|}} - \bigcirc - \overset{\displaystyle C}{\underset{\displaystyle O}{|}} - \boxed{\text{OH}} \quad \text{H} \boxed{\text{O}} - \text{CH}_2 - \text{CH}_2 - \text{OH} \\
\text{テレフタル酸} \qquad \qquad \text{エチレングリコール} \\
\downarrow \text{脱水} \\
\Downarrow \\
\text{HO} - \overset{\displaystyle C}{\underset{\displaystyle O}{|}} - \bigcirc - \boxed{\overset{\displaystyle C - O}{\underset{\displaystyle O}{||}}} - \text{CH}_2 - \text{CH}_2 - \text{OH} \\
\text{エステル結合}
\end{array}
$$

このときに生じるのが、**エステル結合**である。エステル結合が多数繰り返されて生じる物質は**ポリエステル**と呼ばれ、私たちの生活に欠かせないものとなっている。

📖 サリチル酸は医薬品の源

多数のテレフタル酸とエチレングリコールが交互にエステル結合を繰り返すと、次のように**ポリエチレンテレフタラート**が生成します。「ポリ」は「多数」という意味です。「ポリ○○」という物質はたくさんありますが、どれも「○○がたくさんくっついたもの」ということです。

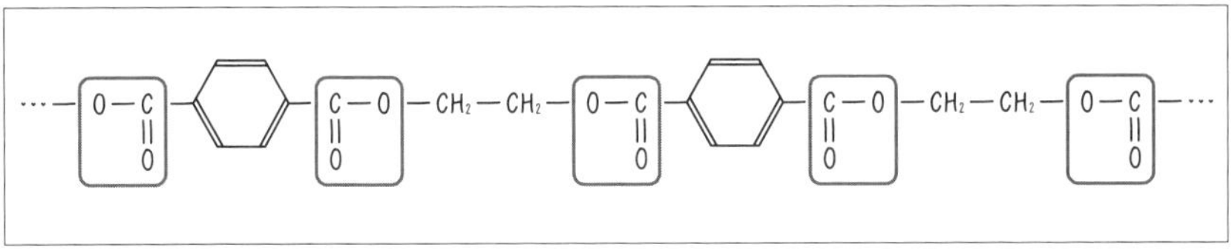

　ポリエチレンテレフタラートは、ポリエステルの一種であり、PET（Poly Ethylene Terephthalate）ボトルの原料などとして利用されているものです。

　もうひとつ、サリチル酸の性質を説明します。サリチル酸にはカルボキシル基－COOHとヒドロキシル基－OHの両方があるので、カルボン酸としての性質とフェノール類としての性質の両方を持ちます。

　サリチル酸の－COOHは－OHを持つアルコールと、－OHは－COOHを持つカルボン酸と反応します。

● **サリチル酸の2通りの反応**

アルコールとの反応：エステル化

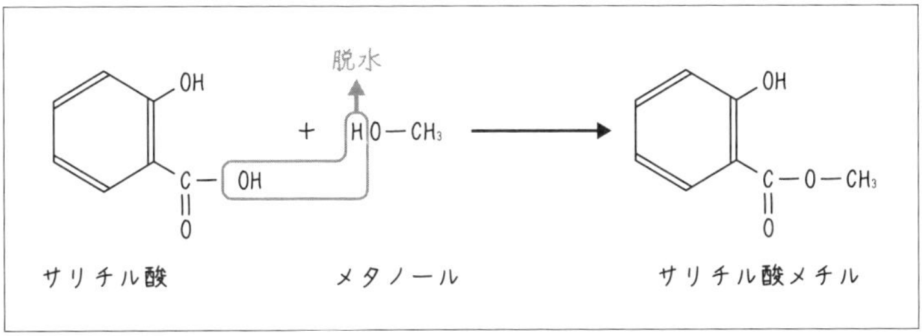

カルボン酸との反応：アセチル化

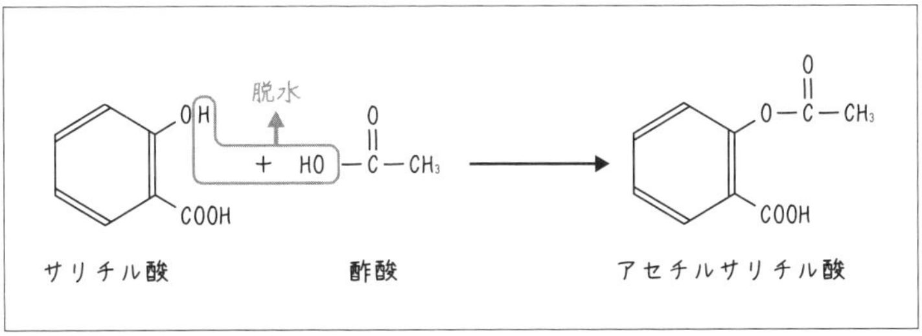

12 有機化合物の分離

ここでは有機化合物の混合物から1つずつ分離する方法を解説します。

Point

有機化合物はエーテル層に、塩は水層に溶ける

有機化合物の分離には、分液漏斗を使う。次のように、エーテル層と水層に分離していく。

芳香族化合物の分離方法

分液漏斗にエーテル層（エーテル溶液）と水層（水溶液）が混合されると、右のように、エーテル層が上に、水層が下になって分離する（エーテルは油の仲間なので、水より軽い）。

エーテル層

水層

芳香族化合物の混合物をこの中へ溶かすと、芳香族化合物はすべてエーテル層へ溶ける（芳香族化合物は油の仲間なので、エーテルに溶ける。芳香族化合物に限らず、有機化合物はほとんどが油の仲間であり、エーテルに溶けやすく水に溶けにくい）。

← 芳香族化合物はこちらへ溶ける

ところが、芳香族化合物が中和反応して塩になると、水中で電離するため水層へ溶けるようになり、エーテル層には溶けにくくなる。

芳香族化合物はこちらへ溶ける

塩はこちらへ溶ける

コックを開いて水層だけを取り出せば、塩になったものだけを分離できる。このような方法を用いて、芳香族化合物を分離できる。

📖 有機化合物の分離操作の具体例

ここでは、アニリン、安息香酸、フェノール、ニトロベンゼンの混合物を溶かしたエーテル溶液から、各混合物を分離する操作を考えてみます。

まずは、塩酸を加えます。すると、塩基であるアニリンだけが反応して塩になります。そして、これだけが水層に溶けるのです。

続いて、エーテル層に炭酸水素ナトリウム水溶液を加えます。すると、二酸化炭素が遊離すると同時に二酸化炭素より強い酸である安息香酸が塩になります。そして、これも水層へ移動するのです。

そして、エーテル層に水酸化ナトリウム水溶液を加えます。残った2つのうち、酸性を示すフェノールだけが反応し、やはり塩となって水層へ移動するのです。

ニトロベンゼンだけは、いずれの操作においても反応しないため、エーテル層に残ったままとなります。

水層とエーテル層とに分けていくという観点を持っていると、有機化合物の分離はとても理解しやすくなります。

13 窒素を含む芳香族化合物

芳香族には、窒素原子が含まれるものもあります。窒素原子の存在により、特有の反応を示します。

Point

アニリンとニトロベンゼンの性質

ベンゼンのHがアミノ基−NH$_2$で置換されたのがアニリン、ニトロ基−NO$_2$で、置換されたのがニトロベンゼンである。

見た目は似ているが、性質はまったく異なる。両者の性質を比較して整理すると次のようになる。

アニリンとニトロベンゼンの性質

アニリン

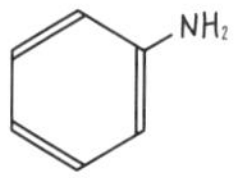

・弱塩基性である
・さらし粉を加えると紫色を呈する
・ニクロム酸カリウムで酸化されると黒色の物質（アニリンブラック）になる

ニトロベンゼン

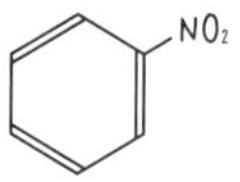

・中性である
・特有の臭いを持つ
・淡黄色の液体である
・水よりも密度が大きい（水に沈む）

アニリンとニトロベンゼンの関係

アニリンとニトロベンゼンの間には、**ニトロベンゼンを還元するとアニリンを得られる**という関係があります。これは、アニリンの製法としても重要です。

●アニリンの製法（ニトロベンゼンの還元）

スズ（or 鉄）と塩酸を加えて加熱します。

ニトロベンゼン　+Sn、HCl 還元 → アニリン塩酸塩

SnとHClによって還元されると、ニトロベンゼンはアニリンになる。
しかし、塩基であるアニリンはすぐにHClと中和反応してしまう

弱塩基であるアニリンを遊離させるため、強塩基であるNaOHを加える

アニリン塩酸塩　+ NaOH → アニリン　+ NaCl + H₂O

有機化合物（油の仲間）には、一般に水に溶けにくい性質があります。アニリンも水に溶けにくい物質です。

これを取り出すには、**アニリン塩酸塩にする**必要があります。そうすれば、水中で電離するので水に溶けやすくなるからです。

そして、アニリン塩酸塩の水溶液にNaOHを加えると、油状のアニリンが生成します。油なので、水に浮きます。

これを取り出すには、エーテルを加えればよいことになります（油の仲間であるアニリンはエーテルに溶けるので、抽出できる）。

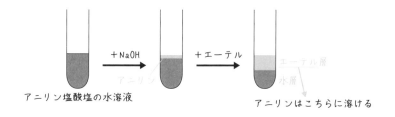

アニリン塩酸塩の水溶液 　　　　　　　　　　　　アニリンはこちらに溶ける

📖 **アゾ染料の合成**

　アニリンのもうひとつの重要な反応は、**アゾ染料の合成**です。アゾ染料は、**ジアゾ化**と**ジアゾカップリング**という2つの過程を経て合成されます。

● **アゾ染料の合成**

ジアゾ化：アニリンに低温下で亜硝酸ナトリウム（$NaNO_2$）と塩酸（HCl）を加える

アニリン　　　　+ $NaNO_2$ + $2HCl$　　→　　塩化ベンゼンジアゾニウム　　　+ $NaCl$ + $2H_2O$

$R-N^+\equiv NX^-$（R：炭化水素基　 X^-：1価の陰イオン）の構造を持つものを
ジアゾニウム塩といい、ジアゾニウム塩を得る反応をジアゾ化という

ジアゾカップリング：塩化ベンゼンジアゾニウムをナトリウムフェノキシドと反応させる

　　　　　　　　　　　　　　　　　　　　　　　　アゾ基

ナトリウムフェノキシド　　　p－ヒドロキシアゾベンゼン

※2つのベンゼン環が結びつけられる反応なのでカップリングと呼ばれる

　アゾ基－N＝N－を持つ化合物は**アゾ化合物**と呼ばれます。アゾ基には発色
作用があるので、アゾ化合物は染料（アゾ染料）や顔料（アゾ顔料）として利用
されるのです。上で登場したp－ヒドロキシアゾベンゼンは、橙赤色の染料です。

索引

数字・アルファベット

2倍振動	76
2物体の衝突	28
3倍振動	76
EHF	80, 124
HF	80, 124
LF	80, 124
MF	80, 124
pH	180
SHF	80, 124
UHF	80, 124
VHF	80, 124
VLF	80, 124
X線	80, 124
α線	156
α波	142
β線	156
β崩壊	142
γ線	80, 124, 156

あ行

アゾ化合物	286
アゾ染料の合成	286
圧縮技術	126
アニリン	284
アボガドロ定数	175
アボガドロの法則	176
アラゴの円盤	119
アルコール	262
アルデヒド	264
アルミニウムの製法	246
安息香酸の製法	277
アンペア（A）	102
アンモニアソーダ法	244
イオン	160
イオン化列	206
イオン結晶	164
位相	62

イソフタル酸の製法

イソフタル酸の製法	278
陰イオン	161
陰極線	132
渦電流	114
運動エネルギー	20
運動方程式	16
運動量	24
運動量の変化	50
運動量保存則	26
エーテル	262
液体	184
エステル	268
エステル化	268, 270
エステル結合	280
エネルギー	20, 43
円運動	30
塩基性	180
遠視	87
遠日点	39
炎色反応	153
遠心力	32
鉛直方向	8
オームの法則	102
音源の後方で聞こえる振動数	78
音源の前方で聞こえる振動数	78
温度	42
音波	60, 74

か行

会合コロイド	200
回折	70
回折格子	88
化学反応式	178
化学平衡	214
化学薬品の保存法	238
可逆反応	214
核分裂	144
核融合	144

核融合発電 145
可視光 80
可視光線 80, 124
加水分解 268
加速度 6
下方置換 228
カルシウムの化合物 236
カルボン酸 266
カロリー（cal） 185
環式構造 256
慣性力 32
乾燥剤 230
気液平衡 186
貴ガス 160
気体 184
気体の重さ 228
気体の状態方程式 188
気体の製法 222
気体分子運動論 50, 176
気体分子の熱運動 188
気柱の共鳴 77
気柱の振動 76
基本振動 76
逆浸透 199
凝固点降下 196
凝固点降下度 197
共振 37
共有結合 166
共有結合結晶 170
極性 168
極性分子 168
虚像 85
キルヒホッフの法則 106
銀鏡反応 265
近視 87
近日点 39
金属イオンの検出方法 232
金属結晶 172
金属元素 172, 232, 234, 236
金属の酸化還元反応 206
空気抵抗 18
空気の平均分子量 190

クーロンの法則 94
屈折 70
クロマトグラフィー 150
形状記憶合金 235
ケトン 264
ケプラーの3法則 38
ケルビン（K） 185
けん化 269, 270
原子核 140, 154
原子の構造 140, 154
原子番号 152, 154
原子模型 140
原子量の決定 174
元素 152
弦の振動 76
コイル 120
合金 234
向心力 30
構造異性体 262
構造式 166
剛体のつりあい 14
光電効果 134
後方の波長 78
交流 118
交流回路 120
交流送電 122
極超短波 80, 124
固体 184
コロイド溶液 200
コロイド粒子 200
混合気体 190
混合物の分離 150
コンデンサー 100, 120
コンプトン効果 136

さ行

最外殻電子 159
鎖式構造 256
サブミリ波 80, 124
サリチル酸の製法 277
サリチル酸の反応 281
酸化還元反応 204

酸性	180	正射影	34
ジアゾ化	286	静電気	94
ジアゾカップリング	286	静電気力	94
紫外線	80, 124	静電気力の位置エネルギー	97
仕事	20, 52	静電遮蔽	99
仕事の原理	21	静電誘導	98
自己誘導	116	ゼーベック効果	103
実像	84	赤外線	80, 124
質量数	154	石灰水	237
質量パーセント濃度	194	石鹸の製法	271
質量モル濃度	194	接触法	241
脂肪	270	センチ波	80, 124
脂肪族炭化水素	260	前方の波長	78
脂肪油	270	相互誘導	116
シャルルの法則	48, 188	相対質量	174
周期	31	族	159, 162
周期T	62	速度	4
周期表	152	組成式	164
周期律	162	粗銅	250
終端速度	18	疎密波	64
自由電子	172	ソルベー法	244
重力加速度	9		
重力による位置エネルギー	20	**た行**	
ジュール（J）	185	脱水縮合	268
昇華	169	縦波	64
蒸気圧	186	炭化水素	256, 260
状態変化	184	炭酸ナトリウムの製法	244
蒸発	187	単振動	34
上方置換	228	単振動する物体の加速度	34
蒸留	150	単振動する物体の速度	34
浸透	198	短波	80, 124
浸透圧	198	単振り子	36
振動数	74	単振り子の周期	36
振動数f	62	弾力性による位置エネルギー	20
振動の周期	35	力のつりあい	10
水圧	12	力のモーメント	14
水酸化ナトリウムの製法	242	窒素を含む芳香族化合物	284
水上置換	228	抽出	150
水素吸蔵合金	235	中性	180
水平方向	8	中性子	140, 154
水面波	65	中波	80, 124
水和	193	中和滴定	182

中和反応	182	同素体	152
超音波	74	導体	98
超短波	80, 124	銅の製法	250
超長波	80, 124	ドップラー効果	78
長波	80, 124	ドルトンの分圧の法則	190
直流回路	102		
チンダル現象	201	**な行**	
沈殿生成	233	鉛蓄電池	209
抵抗	120	波の表し方	62
低周波	75	波の重ね合わせ	68
定常波	68	波の干渉	72
鉄の製法	248	ニトロベンゼン	284
テレフタル酸の製法	278	ニュートン（N）	16
テレフタル酸の反応	280	熱	42
電位	96	熱運動	42, 185
電解精錬	250	熱化学方程式	202
電気陰性度	168	熱機関	54
電気泳動	201	熱効率	54
電気エネルギー	104	熱伝導率	44
電気素量	132	熱の移動	44
電気分解	210	熱膨張	46
電子	132, 140, 154	熱力学第1法則	52
電子殻	158	熱量	44
電磁波	124	濃度	194
電子配置	158		
電磁誘導	92, 114, 118	**は行**	
電池	208	ハーバー・ボッシュ法	240
電場	96	媒質	60, 62
伝播速度	81	薄膜の干渉	89
電離定数	216	波長λ	62
電離度	216	波動	60, 62
電離平衡	216	腹	68
電流が磁場から受ける力	112	半減期	142
電流が作る磁場	110	反射	70
電力	104	反射の法則	70
電力量	104	反応速度	212
ド・ブロイ波	138	反発係数	28
同位体	156	万有引力	40
等加速度直線運動	6	万有引力による位置エネルギー	40
透析	201	光	60, 80
同族元素	162	光の干渉	88
等速直線運動	4	非金属元素	222, 228, 230

非直線抵抗 ……… 108
比電荷 ……… 133
比熱 ……… 44
非保存力 ……… 22
フェーリング反応 ……… 265
フェノール類 ……… 274
不可逆反応 ……… 214
節 ……… 68
フタル酸の製法 ……… 278
物質波 ……… 138
物質量 ……… 148, 174, 176
沸点上昇 ……… 196
沸点上昇度 ……… 196
沸騰 ……… 187
不導体 ……… 98
ブラウン運動 ……… 201
フラッシュラグ効果 ……… 81
浮力 ……… 12
分極 ……… 209
分散コロイド ……… 200
分子 ……… 166
分子間力 ……… 168
分子結晶 ……… 168
分子コロイド ……… 200
平衡状態 ……… 214
平衡の移動 ……… 215
変圧器 ……… 122
ベンゼン ……… 272
ボイル・シャルルの法則 ……… 48
ボイルの法則 ……… 48, 188
芳香族カルボン酸 ……… 276, 280
芳香族炭化水素 ……… 272
放射性同位体 ……… 156
放射性崩壊 ……… 142
放物運動 ……… 8
飽和蒸気圧 ……… 186
保存力 ……… 22
ポリエステル ……… 280
ポリエチレンテレフタラート ……… 280
ボルタ電池 ……… 208

ま行

マクスウェル方程式 ……… 92
ミリ波 ……… 80, 124
無機化合物 ……… 220
無極性分子 ……… 168
無水フタル酸の製法 ……… 279
面積速度 ……… 38
モル ……… 148
モル濃度 ……… 194

や行

ヤングの実験 ……… 88
融解塩電解 ……… 247
有機化合物 ……… 220, 254
有機化合物の分析 ……… 256
有機化合物の分離 ……… 282
有機化合物の分類 ……… 256
誘電分極 ……… 98
誘導起電力 ……… 114, 116
油脂の製法 ……… 270
陽イオン ……… 161
陽イオン交換膜法 ……… 242
溶解度 ……… 192
溶解平衡 ……… 192
陽子 ……… 140, 154
溶質 ……… 193
溶媒 ……… 193
横波 ……… 64

ら行

力学 ……… 2
力学的エネルギー ……… 20
力学的エネルギー保存則 ……… 22
力積 ……… 24, 50
粒子の波動性 ……… 138
量子力学 ……… 130
理論化学 ……… 148
レンズによる結像 ……… 84
レンズの公式 ……… 85
ろ過 ……… 150

著者プロフィール

沢 信行 （さわ・のぶゆき）

長野県生まれ。東京大学教養学部基礎科学科卒業。
長野県の中学、高校にて物理を中心に理科教育を行っている。

装丁・本文デザイン	吉村 朋子
カバー・本文イラスト	大野 文彰
DTP	株式会社 明昌堂

物理・化学大百科事典
仕事で使う公式・定理・ルール120

2021 年 9 月 21 日 初版第 1 刷発行

著 者	沢 信行
発行人	佐々木 幹夫
発行所	株式会社 翔泳社（https://www.shoeisha.co.jp）
印刷・製本	大日本印刷 株式会社

ISBN978-4-7981-6482-3   Printed in Japan